AI傳產
驅動力

ALL-IN ON AI
How Smart Companies Win Big with Artificial Intelligence

先行者怎樣植入變革基因超前部署？
落後者如何全面啟動？

湯瑪斯・戴文波特 Thomas H. Davenport　　尼丁・米塔爾 Nitin Mittal　著

李偉誠 譯

目錄

前言 /007

Chapter 1 |「AI 加持」是什麼意思？ /019
　　　　　AI 加持的要素有哪些？ /021
　　　　　AI 加持公司如何創造價值？ /037
　　　　　通往完全投入 AI 的路上，
　　　　　各公司的進展如何？ /040
　　　　　讓組織成為學習機器 /041

Chapter 2 | 人的面向 /047
　　　　　AI 領導者的形象 /049
　　　　　領導者的課題 /054
　　　　　栽種成功的文化種子 /059
　　　　　教育員工有關 AI 與未來工作的知識 /064

Chapter 3 ｜ 策略　/073

　　　　策略類別 1：創造新事物　/076
　　　　策略類別 2：營運轉型　/099
　　　　策略類別 3：影響客戶行為　/104
　　　　策略性 AI 的流程　/107

Chapter 4 ｜ 技術與資料　/113

　　　　善用工具包中的所有工具　/115
　　　　用更短的時間建立更好的 AI 應用　/117
　　　　擴大規模　/125
　　　　為訓練和其他目的管理資料　/132
　　　　如何處理傳統應用與架構的負擔　/135
　　　　AI、數位和 AIOps　/138
　　　　打造高效能的運算環境　/140
　　　　AI 技術的變化速度　/141

Chapter 5 ｜ 能力　/143

　　　　　　通往 AI 加持的通常道路　/144

　　　　　　平安：開發新商業模式，

　　　　　　晉升第五級企業　/148

　　　　　　豐業銀行：營運轉型起步慢，

　　　　　　卻快速趕上競爭對手　/151

　　　　　　保險業應用資料與 AI，

　　　　　　影響客戶行為　/156

　　　　　　發展合乎道德的 AI 能力　/166

Chapter 6 ｜ 產業使用案例　/179

　　　　　　消費性產業　/181

　　　　　　能源、資源和工業產業　/185

　　　　　　金融服務業　/190

　　　　　　政府與公共服務產業　/196

　　　　　　生技與醫療產業　/204

　　　　　　科技、媒體和電信產業　/218

Chapter 7 | 邁向 AI 加持 /227

德勤：從人力推動的組織轉型為
人力與 AI 並重 /229

第一資本：從分析導向組織轉型為
AI 導向組織 /245

CCC 智慧解決方案：
從資料導向組織轉型為 AI 導向組織 /254

Well：從零開始的 AI 加持新創公司 /261

這些 AI 旅程帶來的啟示 /267

註釋 /275

致謝 /293

前言

2017 年，谷歌（Google）母公司 Alphabet 的執行長桑德爾·皮查伊（Sundar Pichai）在一場谷歌的客戶活動中，宣布未來公司將「以 AI 為優先」時，沒有人感到震驚。皮查伊在對科技開發人員的演講中說道：「在以 AI 為優先的世界，我們必須重新思考所有產品，並應用機器學習和 AI 來解決使用者的問題。」[1] 甚至早在 2015 年，谷歌內部與 AI 和機器學習相關的專案就高達 2,700 件。[2] AI 已經融入谷歌所有產品與使用者服務中，包括搜尋、地圖、Gmail、Duo／助理等。谷歌還向 Google Cloud 的客戶，提供機器學習演算法與工具的資料庫 TensorFlow。Alphabet 的其他公司（包括自駕車公司 Waymo 及生物科技公司 Calico）也廣泛使用了 AI。

當時，產業觀察家早就知道 Alphabet／谷歌會全力投入 AI，所以皮查伊的聲明沒有得到太多關注。對矽谷和習慣一

馬當先的數位原生（digital native）組織來說，這是稀鬆平常的行為。甚至有人寫了一本書，探討科技新創公司如何以 AI 為優先（可能也毫不令人意外）。[3] 人們只覺得「這就是谷歌，還有臉書（Facebook）、亞馬遜（Amazon）、騰訊、阿里巴巴等公司會做的事情」。

但正在思考以 AI 提升表現的公司，不只是 Alphabet／谷歌和其他科技公司，有些傳統和中小型企業也以此為目標。例如，在只有少數小型企業注意到 AI 時，一家位於波士頓南方郊區、員工只有 200 人的房屋貸款經紀公司範圍金融集團（radius financial group）便洞燭機先。[4] 2016 年，該公司的共同創辦人兼營運主管凱斯·波拉斯基（Keith Polaski）就開始四處尋找 AI 工具。波拉斯基形容他從事的是「貸款製造業」，並衡量其貸款製造工廠中發生的所有大小事。他善用 AI 和自動化工具，現在公司的生產力和獲利都遠勝業界平均值。[5]

照理來說，AI 革命主要應該發生在矽谷，但歐洲航空巨頭空中巴士（Airbus）似乎不這麼想。數位化對航空業帶來的巨大衝擊，讓空中巴士意識到有必要適應和改善營運效率，因此在 2010 年代中期展開了大規模的數位轉型。AI 和

資料是這次變革的重心，公司內部提出了各種計策。該公司投資新科技，甚至重新教育員工使用 AI。這項計畫並非祕密，空中巴士的網站上公開載明：「人工智慧不僅僅是一種研究領域：它會是未來隨處可見的技術，有重新定義我們社會所有層面的潛能。空中巴士認為 AI 能帶來關鍵競爭優勢，讓我們妥善運用資料提供的價值。」[6]

空中巴士將 AI 應用在整個組織，包括商業飛機業務，以及直升機、防衛與太空部門。AI 技術對空中巴士的許多產品都至關重要，包括其 OneAtlas 影像服務、ATTOL（自動滑行、起飛和降落的視覺導航）演示器、直升機視覺導航，以及駕駛艙內飛行員與國際太空站太空人的虛擬助理。

中國的數位原生組織（如阿里巴巴和騰訊）對 AI 的追求無疑非常積極。然而，AI 也被應用在保險、銀行、醫療和汽車銷售等傳統業務上。中國平安保險公司的規模龐大，在這些領域都有蓬勃發展的業務。他們在所有領域使用 AI，像是根據照片快速支付保險理賠金、使用人臉辨識執行信用調查、智慧遠距醫療，以及評估二手車的價值。其商業模式是向客戶和網路使用者，提供生活金融消費產品「生態系」，涵蓋金融服務、汽車服務、醫療及智慧城市服務，並

隨時透過資料學習，改善 AI 的情境模型。

平安顯然選對了方法：該公司 1988 年才創立，但 2020 年的營收竟將近二千億美元。而且同樣不隱瞞對 AI 的關注；其科技分公司——平安科技的網站上寫道：「人工智慧是平安科技的核心技術之一，目前已形成包括預測 AI、認知 AI、決策 AI 在內的系列解決方案。」[7] 並進一步詳述：「平安科技已形成智慧認知技術矩陣，其中包括人臉辨識、聲紋識別、醫療影像 AI 識讀、動物辨識與多模式生物識別，這些技術已逐漸在現實生活中獲得廣泛、深入的應用。」甚至很多科技公司都還無法在自家網站上張貼這樣的聲明。

平安、空中巴士和範圍都屬於傳統企業，儘管擁有強大的科技實力，他們仍不屬於科技或電子商務公司，可以作為我們探討 AI 在「傳統」公司中扮演的角色時的典範。儘管 AI 並非這些公司提供的核心產品或服務，他們仍充分利用了 AI 的力量。曾有一家零售公司的 AI 主管告訴我們：「有人問我，為什麼我只到傳統公司擔任資料、分析和 AI 相關的職位，因為在數位原生企業中，這些工作太容易了！」雖然我們懷疑實際上可能沒那麼簡單，還是傾向同意這個說

法。要讓既有的傳統產業全力投入 AI，並且脫胎換骨，是非常困難的工作。如果 AI 密集的科技公司與新創企業有值得學習的地方，或是與傳統企業互相合作時，本書偶爾也會提到他們，就像一開始提到谷歌那樣，但主要會以我們出生前就存在的產業，甚至是公司為例。我們會提到銀行、保險公司、製造業者、零售業和消費產品公司、資訊供應商、生技公司，以及某些政府組織。這些公司面對的業務問題和客戶需求各有不同，但都找到了全力投入 AI 的方法。

　　本書將聚焦在 AI 問世前就已存在的大型企業，如何在 AI 的協助之下轉型。與其贅述一般或最常見的 AI 應用方式，我們會剖析全力投入 AI 的公司，他們都下了龐大卻明智的賭注，希望能藉由 AI 大幅改善公司狀況，而且有證據顯示這些賭注已得到回報。我們用各種方式形容這些公司全力投入 AI 的作法，像是「AI 加持（AI fueled）」、「AI 驅動（AI powered）」、「AI 賦能（AI enabled）」等。但這些公司都有一個共同點，就是在 AI 技術的支出、規劃、策略、實施和變革方面，他們都屬於前段班。不是所有公司都會選擇如此充滿野心的作法，但我們認為所有人都可以從中學習，甚至可能得到啟發。

前言的剩餘篇幅將會討論「全力投入 AI」的概念，以及一個組織要達到此境界必須做到哪些事情。我們的觀點是應用 AI 最極端的形式——最積極的採用、與策略和營運的最佳整合、最高的商業價值、最佳的實踐。我們會描述積極使用 AI 對策略、流程、技術、文化和人才的影響。了解 AI 先行者的作法，可以幫助許多其他組織評估 AI 為自家業務帶來轉變的潛力。

我們的經驗

我們兩個人都有與這類領先企業合作和介紹他們的經驗。在涉足 AI 前，湯瑪斯在分析領域從事研究與寫作多年，他寫過許多關於「決勝分析力（competing on analytics）」的暢銷文章和書籍。[8] 他在《哈佛商業評論》上的同名文章，甚至被指名為該雜誌一百年來的十二篇必讀文章之一。這些文章和書籍得到的迴響告訴我們，就算公司和管理層採取較為漸進的作法，還是能從這種「全力投入」的觀點獲益。從那時開始，湯瑪斯與全世界上百家公司合作，幫助他們建立分析能力，並開始採用分析的近親——AI。他有關分析的文章中提到的某些公司，像是第一資本（Capital One）和前進

保險（Progressive Insurance）也出現在本書中。然而，這些公司也採取了許多具體的計畫，以提升 AI 能力。

尼丁思考何謂「AI 加持」、以此主題發表演說，並與客戶合作多年。他發現，許多經理人員儘管對 AI 只是略懂，還是認為了解公司如何透過利用 AI 脫胎換骨助益良多。他在專心投入 AI 研究前，曾與醫療和生技公司合作約十五年的時間，幫助他們將資料和分析納入業務當中。此外，他在美國德勤（Deloitte）擔任分析與 AI 主管超過五年，有機會與具有 AI 轉型目標的客戶和經理人員，以及負責製造、行銷世界上最先進 AI 技術的供應商夥伴接觸。[9] 此外，他還在美國德勤帶領一項策略計畫，致力用 AI 改變這家全世界最大的專業服務公司。

我們都覺得 AI 很迷人，但更有趣的是，AI 與所有成功公司皆具備的商業策略和商業模式、關鍵流程、組織和變革管理，以及原有技術架構之間的互動。開發好用的新演算法是了不起的成就，但更了不起的是成功執行納入 AI 的重大企業變革計畫。我們喜歡與使用科技（特別是 AI）的組織合作，以及書寫他們的事蹟，藉此發現新的競爭與經營方式。你將會在書中讀到這類故事。

你能從本書中學到什麼？

如同先前舉的例子，我們會描述許多「AI 加持」公司應用 AI 的方式，但這些內容涵蓋在一個更大主題的框架下，那就是當公司「全力投入」時，要如何應用 AI 才能獲得成功。每個章節的主題及提到的公司包括：

第一章：「AI 加持」是什麼意思？

我們會描述 AI 加持的組織有哪些要件，包括這些公司使用的具體技術、創造價值的方式，以及定義「全力投入」AI 的要素。在本章中會提到許多公司，但平安與星展（DBS）數位銀行位於印度的聊天機器人，將是我們聚焦的重點案例。

第二章：人的面向

在第二章中，我們主張獲得 AI 成功的關鍵不在機器，而是人的領導能力、行為和改變。本章一開始，我們會探討星展銀行執行長派許·古普塔（Piyush Gupta）如何有效領導組織的 AI 計畫。也會討論摩根士丹利（Morgan Stanley）、羅布勞（Loblaw）與 CCC 智慧解決方案（CCC Intelligent

Solutions）的領導問題。至於促進管理層和員工對 AI 的理解和採用方面，我們會討論殼牌（Shell）、德勤、空中巴士、蒙特婁銀行（Bank of Montreal）、禮來（Eli Lilly）和聯合利華（Unilever）的案例。

第三章：策略

　　AI 能夠促進或改變企業策略，而它是如何辦到這一點，則是第三章的焦點。我們在本章描述 AI 組織可以採用的三大主要策略類別，描述這些類別的過程中，會提到許多公司：羅布勞、豐田汽車（Toyota）、摩根士丹利、平安、空中巴士、殼牌、損保（SOMPO）、安森（Anthem）、FICO、宏利（Manulife）、前進和 Well。

第四章：技術與資料

　　沒有先進的技術和大量資料，就無法採用先進 AI。因此，第四章將講述現代的 AI 導向科技基礎架構和資料環境有哪些要素。我們會討論如何使用 AI 工具箱中的所有工具、AI 資料、自動化機器學習（AutoML）、機器學習營運（MLOps）、傳統技術和擴展 AI 應用。本章討論到的公司有

星展銀行、克羅格（Kroger Co.，以及其子公司 84.51°）、殼牌、聯合利華、安森和空中巴士。

第五章：能力

如同任何商業能力，我們可以對一間公司在各層面採用 AI 的進展，進行評估和排名。AI 的使用分成不同的策略類別，每一種類別的能力模型也有所不同。我們會在第五章詳述平安，以及加拿大豐業銀行（Scotiabank）、宏利、前進和安森的 AI 能力。本章還會討論道德 AI 能力，並以聯合利華為主要例子。

第六章：產業使用案例

AI 應用的使用案例是組織如何運用技術解決業務問題的核心。在第六章中，我們會討論各行各業的使用案例，區分常見和較不常見的使用案例，並提供各產業早期積極採用者的範例。本章提到的公司包括沃爾瑪（Walmart）、希捷科技（Seagate）、第一資本、美國和新加坡政府、克利夫蘭診所（Cleveland Clinic）、輝瑞（Pfizer）、諾華（Novartis）、阿斯特捷利康（AstraZeneca）、禮來和迪士尼（Disney）。

第七章：邁向 AI 加持

在最後一章，我們會提到邁向 AI 加持的四條不同路徑，每條路徑都會以具體範例說明。第一條路徑的範例是德勤，這家專業服務公司從原本的以人為本，轉變成以人和 AI 為本。CCC 智慧解決方案示範了從著重資訊轉變成以 AI 為本的路徑。第一資本則是從專注於分析轉變成以 AI 為本的案例。最後醫療新創公司 Well 則示範了從頭開始建立 AI 能力的過程。

儘管包含了上述內容，本書並不是教導公司如何全力投入 AI 的教戰手冊。每個組織積極將 AI 整合到業務中的理由、策略和確切方法皆有不同。但我們有信心，本書提到的案例和啟示能幫助走在採納 AI 之路上的每個組織。至少，我們希望閱讀這些先行組織應用 AI 的方式，能激發你對自己的公司說：「我們最好趕快行動。」

Chapter 1

「AI 加持」
是什麼意思？

全世界最成功、技術最先進的公司中,有一些(但遠遠不夠)已宣示他們全力投入 AI,或有「以 AI 為優先」、達到「AI 加持」的意圖。谷歌的說法是「在以 AI 為優先的世界,運算隨處可得,不論是在家中、工作場合、車上,或是移動時,而且所有的互動介面都會變得更自然、直覺,以及最重要的:更智慧。」[1] 想在其他產業(如金融業、製造業或醫療業)利用 AI 力量的公司,同樣以直覺、普遍的智慧科技為目標,只是應用方式不同而已。

　　我們所分析的 AI 加持組織占大型公司總數不到百分之一。本書尋找寫作對象的過程並不容易,但最終找到了三十個左右的組織。然而,我們預期會有更多的組織往這個方向邁進。有什麼理由不這麼做呢?本書提到的公司都表現良好,他們的商業模式有效率、決策恰當、與客戶有緊密的關係、能提供吸引人的產品與服務,而且收取的價格有利可圖。這些組織都成為學習機器,組織成員都受到 AI 的加持。能有這些成果,是因為他們比其他公司有更好的資料,並且經過 AI 分析、據以做出行動,而且還使用這些資源拓展業務,創造經濟與社會價值。

　　許多試圖發揮人工智慧潛力的組織,一開始都是從測試

選定商業機會，或是某些可能的使用案例來著手。許多組織都未能達到增加經濟價值的唯一步驟：部署生產模型。像這樣試水溫或許能得到有價值的觀點，但不足以跟上其他公司的腳步，更別說在市場上引領趨勢。想要充分發揮 AI 的價值，公司應該徹底重新思考人類和機器在工作環境中的互動方式、對 AI 做出大規模投資，並且不能只停留在試驗階段，而是必須在生產過程中全面部署，才能改變員工的工作方式，以及客戶與公司互動的方式。經理人員應考慮在所有關鍵職能和企業營運部門系統性地部署 AI 工具，以支援新的業務流程設計及資料推動的決策。同樣地，AI 應該要能推動新產品、新服務和新的商業模式。就目前而言，如此積極地應用 AI，可以讓公司躋身業界的領先位置。最後，組織追求 AI 加持可能不只是取得商業成功的策略，而是關乎存亡的賭注。

AI 加持的要素有哪些？

如何知道組織是否得到 AI 的力量驅動？組織必須具備哪些要素，才能被認定為「AI 加持」？公認的要素清單並不存在，但在我們研究和諮詢的過程中發現，積極採行 AI

技術的公司通常會出現的各種特質。過去四年，我們針對一些公司的 AI 活動做過三次調查，所以有辦法揭露攸關這些特質的一些數據（截至 2021 年 10 月的最後一次調查）。

企業廣泛採用 AI，並使用多種技術

　　AI 加持公司會在組織的各個層面運用 AI，採取許多使用案例或應用方式。AI 是一種泛用科技，可以用來支援各式各樣的業務目標。根據我們的調查，AI 技術最常應用於提升業務流程的效率、改善決策品質，以及加強現有的產品或服務。根據德勤 2020 年的調查（最近一次提出該問題的調查），這三個目標也是最有可能已經達成的目標。[2] 它們涵蓋了各式各樣的 AI 使用領域，舉例來說，業務流程改善可能包括促進供需匹配，以提升供應鏈效率、預測工廠設備的維護需求，或是預測雇用哪個應徵者會有最好的結果。最終，全力投入 AI 的公司將會發展出橫跨各種職能、流程、決策，以及產品或服務的使用案例。個別應用或許無法改變公司，但廣泛集結起來就能辦到。

　　我們最近一次的企業 AI 調查中，擁有最多 AI 能力和成就的公司（被稱為「轉型者」）占了調查樣本的 28%。我們

後續會討論到,雖然轉型者在 AI 之路上領先其他公司,但這類受訪公司只有少數達到 AI 加持的程度(數量少到無法在大規模的調查找到)。平均而言,這些組織完整部署的 AI 使用案例大約有六個,而達成的商業成果大約有七個;雖然令人敬佩,但仍未達到 AI 加持公司應有的水準。「轉型者」這個標籤意味著企業轉型可能是他們的目標,但真的因為 AI 轉型的企業少之又少。仰賴 AI 轉型的公司通常會走得更遠,有些公司會部署上百種系統,取得多到無法計算的商業成果。當然,企業轉型是一個持續的過程,沒有任何公司能達到完全的轉型。

　　完全投入 AI 的公司不會只使用單一的 AI 技術,而是充分利用 AI 提供的所有優勢。表 1-1 列出了構成 AI 領域的多種技術。讓 AI 成為可能的基本資源只有四種――以統計、邏輯、語義(semantics)為形式的知識,並與運算串連在一起――但這些大項目底下還有許多方法、工具和使用案例的變體。

　　AI 加持企業的領先者對技術夠熟悉,足以針對使用案例與技術的搭配,做出明智的決策。這並不總是一件容易的事,不同工具都潛藏了一些複雜之處。舉例來說,表 1-1 列

出了許多不同類型的機器學習，積極的使用者必須知道不同的目的適用哪一種。此外，選擇之中還會潛藏其他選擇，例如表 1-1 中的「語義型 AI」描述的是語言導向的應用，例如自然語言理解（natural language understanding，NLU）和自然語言生成（natural language generation，NLG）。但 NLU 應用的核心可能是深度學習演算法，或是能說明由「語義」一詞所暗示的詞語和概念之間關聯的知識圖譜（knowledge graph）。NLG 應用也是如此，像是由 OpenAI 開發、非常先進的 GPT-3 系統，可以根據對下一個詞語的預測，生成從詩詞到電腦程式的各種文本類型。簡單的 NLG 應用也可以由規則驅動。光是描述 AI 技術就十分複雜，因此，進行 AI 相關決策的經理人員，在對工具和專案進行重大投資前，必須先做好功課。

表 1-1 │ AI 加持公司採用的 AI 技術

AI 技術類型	運作方式
統計機器學習	
監督機器學習	建立以過去資料訓練的預測模型
非監督機器學習	分辨類似案例的分組,無須訓練
自我監督學習	在資料中尋找監督訊號,屬於新興的作法
強化學習	透過實驗和獎賞最大化來學習
神經網路	使用特徵的隱藏層進行預測／分類
深度學習	在預測模型中使用許多隱藏層
深度學習影像識別	根據標記過的資料集學習識別影像
深度學習自然語言處理	學習了解或生成語音和文本
邏輯型 AI 系統	
規則引擎	根據條件陳述(if/then)規則進行簡單決策
機器人流程自動化	結合工作流程、資料存取和規則式決策
語義型 AI	
語音辨識	辨識人類語音並轉換為文本
自然語言理解	推估文本內容的意義和意圖
自然語言生成	產生自訂、可以閱讀的文本

有些公司會在同一種使用案例或應用中,使用多種技術。保險詐欺偵測與醫療分析公司 Cotiviti 便結合了規則和機器學習,這是一個實用的組合,星展銀行也用同樣的組合對抗洗錢活動。許多公司會使用機器人流程自動化(robotic process automation,RPA),將結構化的後勤工作流程自動化,並根據規則進行決策。但有愈來愈多廠商和他們的客戶開始結合 RPA 和機器學習,以做出更好的決策,有時稱為智慧流程自動化(intelligent process automation)。未來我們會看到更多技術結合的方式,或許還會出現新的名稱。積極採用者可能會採用所有 AI 技術(表 1-1 列出了一部分),包含一些剛開始出現、我們尚無法完整描述的結合形式。虛擬實境與其他形式的模擬、數位分身和元宇宙都是採用多種 AI 形式的技術,未來很可能得到廣泛採用。

部署大量 AI 系統到生產階段

AI 的挑戰之一,是將系統部署到生產階段。許多公司會進行 AI 試驗、概念驗證,或是製作原型,但實際進入生產階段的很少,甚至完全沒有。從這些實驗中學習是很好,但公司無法因此獲得任何經濟價值。AI 加持組織是能成功

在生產階段部署系統的組織。最近一次針對企業 AI 使用狀況的調查發現，轉型者（根據該調查，這些是最成功、最有經驗的公司）平均部署了六種 AI 應用到生產階段。這讓他們成為調查中最積極的公司類型，而我們為了本書去訪問的公司，有些甚至部署更多 AI 模型到生產過程。[3]

儘管 AI 驅動的企業相對成功，但有許多調查結果支持我們的論點，即部署相當困難。IBM 在 2021 年的一項調查指出，在七個國家、超過五千名科技業決策者當中，只有 31％的人表示他們公司「積極在業務營運中部署 AI」。調查中有 41％的公司表示正在「勘查 AI 的可能性，但尚未實際部署到業務營運當中」。[4]《麻省理工學院史隆管理學院評論》（*MIT Sloan Management Review*）／波士頓顧問公司（Boston Consulting Group）在 2019 年的調查指出：「接受調查的十家公司中，有七家表示 AI 至今對其影響極小，或毫無影響。在對 AI 進行一定投資的九成公司中，不到五分之二的公司表示，過去三年內曾因為 AI 獲得商業利益……這表示大規模投資 AI 的組織，其中有 40％並未從 AI 獲得商業利益。」[5] 我們的調查發現，AI 帶來的前三大挑戰分別為實踐問題、將 AI 整合到公司角色和職能當中，以及資料問

題；這些問題都與大規模部署相關。[6] 但狀況已經逐漸改變，一些公司回報他們開始部署更多 AI 系統，並從中獲得更多經濟報酬。[7] 然而，資料科學家的調查結果發現，實際部署的 AI 模型仍然是少數。

公司會遇到部署的相關問題，並不令人意外。試驗只需要建立模型，並撰寫最簡可行產品的程式，但生產部署需要的規模大很多，通常還牽涉到許多其他活動，像是改變業務流程、提高員工技能，以及與現有的系統整合。此外，許多資料科學家覺得只要製作出符合資料的良好機器學習模型，他們的工作就結束了。部署往往被認為是其他人的工作，但究竟是誰的工作，答案經常不明確。

使用 AI 獲得高度成功的公司是如何處理這些問題，並部署系統呢？首先，他們一開始就規劃部署，除非計畫初期出現問題。第二，他們會指派一個人負責整個開發與部署的流程，此人有時被稱為 AI 系統和流程的「產品經理」，產品經理會確保系統得到部署。第三，他們會指派資料科學家和產品經理，從一開始就在商業面上，與利益關係人密切合作。這些公司預期部署及所有相關活動都會發生。

運用 AI 重新想像並改革工作流程

1990 年代初期，所謂的「業務流程改革」讓許多商業人士感到興奮，業務流程改革是一場公司徹底重新設計工作方式的運動（本書作者之一「湯瑪斯」，協助推動這場運動）。當時出現的新科技——企業資源計畫（ERP）系統，以及後來的網際網路，允許公司採取新的流程。不幸的是，業務流程改革最後在許多公司演變成無腦的裁員，但利用新科技（AI 是最顯著的例子）推動新的工作方式，這種想法至今依然有其道理。

德勤曾以人機時代（Age of With）形容當今世界，即人類與智慧機器在工作上互相合作。湯瑪斯稱之為擴能（augmentation），他喜歡這個想法，乃至以該主題與人合寫了兩本書。[8] 雖然許多人預言 AI 將取代人類，但這種情況仍然不多，大多數的組織都是利用科技解放人類員工，讓他們可以去做更複雜的工作。那麼，AI 驅動公司面臨的主要問題，並非如何以 AI 取代人類員工，而是如何透過重新設計工作、培養員工技能，並提升此流程的效率和效果，讓人類和 AI 得以發揮最大的潛能。

我們的調查顯示，已經有高比率的經理人員表示，AI

為工作帶來中度或高度的改變（2019 年的調查為 72％，而有 82％預期未來三年將出現同樣幅度的改變）。然而許多時候，這樣的改變並非發生在正式的業務流程脈絡下。這可能導致欠缺描述、衡量工作流程的方法，以及無法一致地在整個組織實施。

RPA 可能是流程改善（若非極端創新的話）與 AI 之間最密切的連結。有些人認為 RPA 不夠「智慧」，不足以稱為 AI，但 RPA 確實具有規則式的決策能力。許多公司將 RPA 視為通往更智慧、機器學習式 AI 的墊腳石。有多家公司已將 RPA 納入其流程改善計畫當中。在他們將一項流程自動化之前，會先對該流程應用衡量和改善技術。舉例來說，退休與金融服務公司 Voya 在其持續改善中心（通常採用精實〔Lean〕和六標準差〔Six Sigma〕方法）之下，設立了卓越自動化中心。Voya 在分析和改善流程、實施 RPA，並評估自動化流程的效能時，會遵守三個步驟。[9] 然而，為了確實透過 AI 達到轉型的目標，公司必須大規模實施該做法，並且至少偶爾追求比漸進流程改善更遠大的目標。

我們見證過幾家公司成功結合流程改革與 RPA 以外的 AI 形式。例如，東南亞的星展銀行利用 AI 對反洗錢作業，

以及在印度和新加坡的客戶中心,進行重大的流程改善。這麼做,讓評估潛在反洗錢案件的時間減少了三分之一。在客戶中心方面,則是在不增加員工的情況下,讓客戶數量成長為 6 倍,並讓金融交易次數成長了 12 倍。

應該要有更多公司正視,該如何透過 AI 大幅改善業務流程的課題。在某種程度上,一種運用 AI 的新技術能幫得上忙:流程探勘(process mining)。它能分析來自企業交易系統的資料,以了解流程如何運行,並利用 AI 提出改善建議。流程探勘能省去流程改善中的大量細節工作,因此迅速在許多流程導向的公司之間流行起來。

提高組織中熟悉 AI 的人才比率,並善用人才

我們會在本書中一再強調:要全力投入 AI,除了科技,也要在人力方面下功夫。公司想在業務中大量使用 AI,就需要許多了解 AI 運作方式的經理人員和員工。聰明的公司正在重新訓練員工、提高員工技能,以開發、詮釋並改善 AI 系統。隨著 AI 系統開發(特別是機器學習)自動化程度日增,而且沒有經過深度專業訓練的平民資料科學家(citizen data scientists)也能分擔部分責任,這件事變得愈來

愈重要。

經理人員本身也需要提升 AI 相關技能。有許多 AI 領導者和分析師告訴我們,至今仍要花費大量時間向其他主管推廣 AI 技術的價值和目的。經理人員要做的不只是為 AI 專案爭取資金和時間,也應該將 AI 應用到自己的工作中。AI 能將決策自動化,其中某些決策過去是由人類高階主管負責。因此,我們必須教育該群體 AI 的運作方式、何時適合使用 AI,以及投入 AI 對他們和整個組織會有什麼影響。

絕大多數公司目前仍處於提升技能與重新訓練的早期階段。雖然不是每一位員工都需要接受 AI 相關訓練,但顯然有部分員工需要,而且受 AI 訓練的員工可能愈多愈好。某些公司,像是空中巴士和星展銀行,已經展開專門針對培養 AI 技能的培訓計畫。空中巴士重新訓練超過一千名員工,教導他們 AI 與進階的分析技能。星展銀行讓超過一萬八千名員工接受資料技能訓練,使整個公司充滿平民資料科學家。其中大概有兩千名員工熟悉資料科學和商業智慧的進階領域,另外,他們還認定另外七千名員工需要接受使用資料、分析和 AI 等技術的訓練。

然而,在我們其中一項 AI 調查當中,僅有一成美國受

訪者明確表示，他們偏好保留現有員工並重新訓練。八成的公司都傾向「一半保留，一半取代」，或是「主要以新的人才取代現有員工」。[10] 我們認為這是短視的作法，而且公司會找不到或負擔不了這麼多新的 AI 人才。重新訓練和技能提升，顯然是另一種方法。

對 AI 的長期投入與投資

AI 轉型對公司的高階經理人員來說，可不是輕率的決定。這樣的決定會在未來數十年內對公司造成重大影響，並牽扯到上億美元。我們為本書採訪的每家公司都表示，全力投入 AI 的成本就是這麼大。對組織來說，要投入如此大量的資源，一開始可能令人畏懼，但看到從早期專案得到的收穫後，這些 AI 驅動的公司就會比較願意投資 AI 導向的資料、技術和人才。

一家著重 AI 的公司承諾使用資料和分析進行大多數的決策、應對各式各樣的客戶、將 AI 導入產品和服務當中，並以更自動化、更智慧的方式執行許多任務，甚至是整個業務流程。許多公司經歷過數位轉型的痛苦過程，但 AI 轉型的程度又比數位轉型更進一步。簡單來說，AI 轉型是很大

的賭注,目前大多數組織都還沒有能夠轉型成功的自信。

當然,如果組織領導者大力支持,對轉型會很有幫助。當執行長很投入,就能帶動公司各個層級跟著投入,但光是這樣還不夠。如果中、上層,甚至是第一線的經理人員只是表面上贊同,並未以實際行動支持以 AI 推動業務的話,那麼轉型的進展將很緩慢,而且整個組織可能會故態復萌。我們看過一些非常投入的執行長,打造了以分析和 AI 導向的公司,並提出許多計畫。但他們離開後,繼任的執行長不認同該理念,因此原先對資料、分析和 AI 的投入,就退步至平庸的程度。

下一章將更詳細地探討領導者和投入程度的重要性,也會舉一些領導者作為例子,他們以全面、充滿戲劇性的方式,表現出對 AI 作為戰略的投入程度。

獨特且大量的資料來源,即時分析並採取行動

如果說 AI 能加持公司,加持 AI 的就是資料。公司想認真看待 AI,就必須先認真看待資料 —— 不管是蒐集、儲存、整合,還是讓資料隨處可得。這些並不是新的挑戰,但如果一個組織在乎 AI,資料的重要性就更勝於平常。在我

們 2020 年的 AI 調查當中，要求公司選出最能透過 AI 提高競爭優勢的計畫，已採用 AI 的公司首先選擇的是「將資料基礎架構現代化以迎接 AI」。與我們談過的公司，幾乎都在提出 AI 計畫之前或同一時間，執行重大的資料管理專案。

除了高品質的資料，想透過 AI 達成業務轉型的公司，還必須取得獨特或專有的資料。若一個產業中的所有競爭者都擁有相同的資料，就會有類似的機器學習模型，並取得類似的成果。要讓公司因為 AI 脫穎而出，你必須找到尚未得到妥善利用的資料來源，或是取得新的資料類型。

銀行業和零售業是資料量本來就很龐大的產業，但加拿大的豐業銀行、美國的第一資本和新加坡的星展銀行，都利用資料來進一步了解客戶和交易，並將這些資料回饋給客戶，幫助他們管理財務。而零售公司，像是美國的克羅格和加拿大的羅布勞，只是更多地利用銷售點、存貨、顧客忠誠度等資料，頻繁程度或許勝過所有的競爭對手。

有些積極採用 AI 的公司，甚至開發出新的商業模式，允許他們取得更多資料。中國的平安非常有意識地採用了「生態系」模型，使其不僅能取得消費者和生產者的資料，還能取得資料分析模型。空中巴士的開放飛航資料平臺

Skywise，讓許多駕駛空中巴士飛機的國際航空公司，能與其他代工業者交流資料。這些公司從具備平臺商業模式的電商新創公司學到，擁有來自許多參與者的資料，是推動成長和企業價值的關鍵因素。

高度仰賴 AI 的公司不只是蒐集資料，並在必要時進行分析而已。他們盡可能跟隨現代商業的步調，允許根據資料即時做出決策。他們能即時在銷售點提供客戶優惠，並防止詐騙交易。他們能更快速地對業務中斷做出回應。他們能監控模型的表現狀況，並在需要時重新訓練。這是因為他們除了擁有現代的技術堆疊，還有適當的資料供應鏈管理流程，此外，他們也深諳善用資料的重要性。當然，沒有任何公司的資料是完美無缺的，但 AI 密集公司的資料環境會比多數公司要完善許多。

建立符合道德且值得信任的 AI 架構

如果一家公司的業務高度仰賴 AI，就必須確保使用的 AI 系統符合道德且值得信任，否則該公司因為 AI 而失去的東西，可能會比得到的要多。到目前為止，多數正式的 AI 道德治理機制和架構都出現在科技組織，因為這些組織有許

多 AI 產品和服務,並且希望向客戶展示其責任感。或許是因為科技公司較早採用 AI,他們是最常被指控犯下 AI 偏差或違反其他道德行為的公司。[11]

然而,建立合乎道德、值得信任的 AI 使用方式,並不是一件困難的事。許多既有的架構能幫助公司建立起一系列的原則,我們會在第五章討論這些架構。當然,真正的挑戰是實踐這些原則,這點也會在第五章討論。

讓具備深厚技術與業務專業的經理人員組成小型團隊,逐項評估部署到生產中的 AI 系統標準,是一種可行的方式。我們確實聽過多家公司組成演算法審議委員會或其他類似團隊,但我們認為,需要審查的並不只是演算法而已。有一名道德顧問呼籲比照以人類為對象的學術或醫療研究,建立 AI 機構審查委員會,以確保 AI 系統的各方面皆未違反道德原則。[12] 畢竟,AI 的作用經常與人類有關。

AI 加持公司如何創造價值?

圖 1-1 列出 AI 加持企業用來創造比其他許多公司更多價值的「價值槓桿」,本書會一直提起這些價值槓桿。AI 加持公司經常使用不只一個價值槓桿(有時是在同一個使用案

例中），以促進其業務。

在個別使用案例的層次上，本章稍早提到的星展銀行反洗錢應用，已經以多種方式為該公司創造價值。這個系統使得星展銀行能及早偵測到詐欺行為，因此改善了執行速度。交易監控分析師可以更快速地分析潛在的反洗錢案件，而生產力提升便帶動成本減少。該系統運用更多的銀行資料（也就是說，它能理解錯綜複雜的情況），以判斷案件中是否有詐欺行為發生。此外，反洗錢應用的整體目標，當然是強化客戶與監管機關對銀行的信任。

毫無疑問，創造的價值愈大愈好。希望透過 AI 獲得成功的公司，應該盡可能採取不同的價值槓桿，並且試圖在單一使用案例內運用多個槓桿。某些槓桿（例如減少成本）相對容易衡量，但公司不該畫地自限，只採用容易衡量的 AI 使用案例。有些最大的效益可能是來自於 AI，它改變了商業模式，根據更大量、種類複雜的資料做出決策，以及建立信任。

全力投入 AI 的公司如何創造價值

執行速度：應用 AI 加速運作並改善業務成果，透過縮短決策與行動延遲。

減少成本：應用 AI 以智慧方式將業務流程、任務與互動自動化，減少成本、提升效率、改善環境永續性，並確保可預測性。

了解複雜資訊：應用 AI 促進理解和決策，透過從日益複雜的資料來源辨識模式、關係並預測結果。

接觸轉型：應用 AI 改變客戶和員工與智慧系統的互動方式，透過語音、視覺、文字和觸覺來拓展接觸方式。

推動創新：應用 AI 產生關於投入領域與致勝方式的洞見，從而創造新產品、市場機會和商業模式。

強化信任：應用 AI 保護品牌不受詐欺、浪費、濫用和網路攻擊的風險影響，藉此讓股東安心、強化消費者信心。

圖 1-1

通往完全投入 AI 的路上，各公司的進展如何？

閱讀 AI 加持公司的所有元素後，你大概會覺得自己的公司只具備某些元素，或者正往這些方向努力，但還有改善的空間。以下描述或許能幫助你評估組織目前的位置。第五章討論 AI 能力時，我們會進一步說明。

- AI 加持（AI Fueled）：具備以上提到的所有或大多數元素，而且完全實施並能正常運作，其業務建立在 AI 能力之上，正在成為學習機器（見下一節）。
- 轉型者（Transformers）：尚未達到 AI 加持的程度，但與其他公司相較，走得比較前面，已經具備某些 AI 加持公司的特質；部署了數個 AI 系統，能為組織創造大量價值。
- 尋道者（Pathseekers）：已經展開旅程並取得進展，但處於早期階段。部署了一些系統，並獲得些許可以衡量的正面成果。
- 初心者（Starters）：正在以 AI 進行實驗，具備計畫，但需要做更多才有辦法前進；部署到生產階段的系統很少，甚至完全沒有。

・落後者（Underachievers）：已開始進行 AI 實驗，但還沒有任何生產部署，僅獲得極少的經濟價值，甚至完全沒有。

本書提及的公司並非全是 AI 加持公司；我們提到的某些組織屬於轉型者，甚至是尋道者，但他們都採行有用或值得一提的實務做法。

讓組織成為學習機器

如果我們把全力投入 AI 的公司視為組織型的學習機器，就可以總結這些特質。許多與 AI 相關的學習已經融入這些企業的體制，而且運作良好。我們說這些公司是組織型的學習機器，至少可以從兩個面向來解釋：首先，他們持續從 AI 研究和部署當中學習。他們進行實驗，並採取快速的試誤流程，從成功和失敗的實驗中記取教訓。這些公司已經達成我們同事約翰・哈格爾（John Hagel）與約翰・希利・布朗（John Seely Brown）所說的可擴展學習（scalable learning）。[13] 要成為世界級的 AI 組織，實驗和學習都非常重要。

舉例來說，中國的平安從保險業起家，現在涉足了各種

金融服務相關的業務領域（第三章會詳細說明），該公司的研究團隊龐大，雇用許多博士級的電腦科學和相關領域人才。創辦人馬明哲喜歡收藏藝術品，他向首席科學家肖京提議，有能力創作藝術和音樂的 AI 系統，或許會讓公司廣大的客戶和合作夥伴網路產生興趣。於是，肖京委託一個小型團隊，試著讓機器學習模型根據既有的高品質範本，創作繪畫、樂曲和詩作。

該實驗成功了：研究人員成功創作出高品質的藝術、音樂和詩作。該系統在 2019 年的世界人工智慧大會（World Artificial Intelligence Conference）發表，得到正面的媒體報導。[14] 其中，作曲系統甚至獲得國際獎項。肖京在訪談中告訴我們，平安正在研究能將此一藝術 AI 系統，連結到集團中不同生態系的商業模式，例如在線上治療或其他醫療相關服務中，使用 AI 創作的音樂。同時，他的團隊也學會，如何為涉及參與者主觀情緒或感受的業務（例如在證券市場中交易）開發 AI 系統。

AI 加持公司成為組織型學習機器的另一種方式，與機器學習有直接關聯（至少與業務中最常見的監督機器學習相關），那就是根據已知結果的過去資料，對未知結果進行預

測。聽起來可能有點令人疑惑，但作為組織型學習機器的公司隨時都在向機器學習。現代 AI 的能力讓學習可以大量、快速地產品化，並且具備經濟效益。

AI 加持公司會監控模型，以了解預測成功的機率（通常使用一種名為「機器學習營運」的技術）。如果模型的預測失準，公司就會用新資料重新訓練該模型，改善其預測。持續訓練能創造持續學習，以及符合新資料、更有價值的模型。換句話說，世界出現變化時，公司的預測模型也會跟著改變。

真正的機器學習公司，會對各種模型（或者至少重要的模型）採取這種作法。這表示公司相信模型是珍貴的商業資產，值得監控與改善，也明白模型準確度會隨時間浮動，並知道科技可以促進模型運作的流程。這些就是 AI 驅動公司想要培養的能力。

當然，組織型學習機器也能持續向其他種類的 AI 學習。舉例來說，星展銀行利用聊天機器人（最初在印度的數位銀行實施），向銀行客戶提供全年無休、全天候無須等待的高品質客戶服務。2016 年的一次服務故障後，管理層在檢討過程中對團隊提出挑戰，要他們更緊密地追蹤顧客旅

程,並事先發現問題。

這個挑戰促使團隊為印度的數位銀行想出新的顧客科學計畫,即時追蹤每一位數位銀行客戶的旅程。他們還主動找尋客戶使用行動 APP 時遇到難題的徵兆,並發展出在此時介入的能力,讓客戶選擇要如何繼續他們的旅程。這次學習大獲成功,星展銀行將從聊天機器人學習到的成果,應用在印度和新加坡本土市場。

「組織型學習機器」的最後一層意義,體現在這些公司的始終如一、可靠,而且不會疲倦。就像任何運作良好的機器一樣,他們對利用 AI 達成轉型的堅持從不鬆懈。這些公司投資可在組織內重複使用的 AI 基礎架構,例如特徵商店(包含可用於機器學習模型、定義明確的變數資料庫)和演算法程式庫,並確保員工不間斷地學習 AI 知識。他們不把 AI 當成一時的風潮,而是能大幅增加市場影響力和效率的強大工具。

當然,成就組織型學習機器的不只是科技,還必須結合組織的 DNA、支持 AI 和資料推動決策的組織文化、持續實驗和創新的態度,並在追求的過程中,持續與員工、客戶和商業夥伴互動。人才是讓這一切成為可能的關鍵,而不是資

料、演算法或高效能伺服器。在本書中,我們將同等關注「聚焦 AI」的人性層面和技術能力,這就是下一章的主題。

總而言之,某些組織具備本章提到的所有能力,是一件很棒的事情。能與這些組織對談、撰寫其事蹟,我們倍感榮幸。然而,我們希望能有更多像這樣的組織。或許透過描寫這些表現突出的公司,能夠鼓舞讀者讓自己的組織朝該方向前進,即使達不到「全力投入」的程度也沒關係。

Chapter 2

人的面向

一個組織的 AI 能力及成功與否，受到許多因素影響，這些因素不涉及科技，甚至是資料。與公司其他層面相比，領導力、文化、態度和技術等人的特質對 AI 之影響，有過之而無不及。若用機器學習模型預測一家公司是否能達到 AI 加持的境界，這些因素會對模型有很大的影響。

許多 AI 領導者都了解這些因素的重要性，舉例來說，我們訪問了位於麻州劍橋（Cambridge）專攻生物學的學術研究機構——布羅德研究所（Broad Institute）新設立研究中心的主持人。布羅德研究所獲得兩億五千萬美元的補助金，研究機器學習與生物學之間有何關聯。我們詢問研究所新成立的艾瑞克與溫蒂・施密特中心（Eric and Wendy Schmidt Center）的兩位主任，想要達到這個目標可能遭遇的阻礙時，兩人最先提到的都是文化。他們表示，AI 專家（通常都是電腦科學家）和生物學家在面對知識上的挑戰時，使用的語言和直覺南轅北轍。他們了解，調和這些群體對於中心的成敗至關重要。

我們詢問他們打算怎麼解決文化上的問題，當時他們似乎還在探索潛在策略的階段（因為中心剛成立沒多久）。其中最重要的，是舉辦活動讓這兩個群體齊聚一堂，深入討論

兩個領域的交會能產生什麼機會,以及該如何追求這些機會。當然,他們也意識到 AI ／生物學合作的變革管理這門科學,可能又比 AI ／生物學合作發展得更慢。

除非我們採取積極措施來管理,否則不太可能在人的問題上取得進展。這八成就是許多公司(甚至是具備龐大科技預算的大公司)受資料推動的程度,沒有隨時間增加的原因。針對美國大型組織的調查發現,近年來組織自稱具有資料推動文化的比例甚至下降。[1] 在本章中,我們將會描述 AI 優先公司針對這些問題所採取的手段。

領導者的支持甚至是熱誠,對於任何想大規模採用 AI 的組織至關重要。本章開頭,我們會提到一位執行長在激勵和領導其公司的 AI 旅程中,發揮了很大的作用。

AI 領導者的形象

星展銀行集團執行長派許・古普塔在保守的銀行業待了將近四十年。然而,他竟有辦法讓曾被戲謔為慢得要死(Damn Bloody Slow)的銀行搖身一變,成為銀行與客戶服務的領頭羊,並積極採用人工智慧。他的經驗告訴我們,高階經理人員對於公司能否有效採用新科技的影響十分重大。

古普塔於 2009 年上任星展執行長，當時星展的客戶服務在所有新加坡銀行中敬陪末座。現在，星展在客服方面的表現則是優等生，並經由收購和有機成長大幅擴展了在亞洲的足跡。星展已經是東南亞規模最大的銀行，在中國和印度的影響力也日益增強。星展拿過多項國際性的銀行獎項，包括《歐洲貨幣》（*Euromoney*）的世界最佳銀行獎、《銀行家》（*The Banker*）的全球年度最佳銀行獎，以及《全球金融》（*Global Finance*）的世界最佳銀行獎等殊榮。在數位銀行方面，星展曾兩度獲選《歐洲貨幣》的世界最佳數位銀行。

　　古普塔到星展前，曾擔任花旗集團在東南亞和太平洋地區的執行長，但他在銀行業是從營運和科技起家。他是前花旗執行長約翰・里德（John Reed）的得意門生，里德可能是世界上首位理解資訊和科技對銀行業之重要性的銀行家，帶領花旗後勤部門和消費者業務的資訊化轉型。古普塔帶領過花旗在亞洲的交易服務部門，後來升任亞洲區主管。他曾短暫離開銀行業，創立了一間網路公司；那間公司很快就倒閉，但這件事顯示他對創新的渴望，以及不怕失敗的精神。

　　確實，古普塔表示他在星展最早的 AI 嘗試都以失敗收場，但帶來了很多啟示。他將這些嘗試形容為公司的「信號

燈」。2013 年，古普塔帶領星展參與新加坡主要的公共研究與發展組織——新加坡科技研究局（A*STAR）的 AI 實驗室。星展簽了一份為期三年的契約，與來自星展和 A*STAR 的資料科學家合作，探索 AI 的應用方式。他們總共執行了六個專案，沒有一個成功，但古普塔和星展銀行從中學到了許多經驗。

這些早期專案顯示，古普塔對 AI 採取的策略之一，就是即早採用這項技術並進行實驗。星展銀行的其中一項關鍵績效指標（KPI）是每年做一千項實驗，而許多都與 AI 有關。古普塔每半年會有兩天公開展示這些實驗，鼓勵員工更深入地思考如何運用人工智慧。

為了進行 AI 實驗，他還提供大量資金，讓業務單位和職能部門可以有彈性地雇用準資料科學家，了解他們有什麼能耐。他以人力資源部門為例，說明此一實驗獲得的正面結果。沒有技術背景的人資部門主管，籌組了一個小型、組織鬆散的祕密團隊，負責識別並帶領 AI 的應用。這個團隊開發出 JIM 人工智慧招募系統（Job Intelligence Maestro），幫助銀行更有效率地雇用適合的人才，填滿大量職缺。人資部門還開發出員工流失預測模型，就能從員工的訓練、收入資

料、請假模式等來源獲得洞見,預測他們離職的可能性。

眾所周知,資料是 AI 的燃料,許多公司都對自家資料環境進行大幅變動,使其更適合執行積極的 AI 計畫。但大型企業的執行長親自帶領資料轉型的情況並不常見。古普塔將其興趣和能力歸功於任職花旗的經驗,他參與了花旗銀行第一批資料中心的興建,從中學習到資料架構的相關知識。

星展的資料轉型規模相當龐大。如同許多公司,他們將大量資料從傳統的資料倉儲轉移到資料湖泊(data lake)——後者便宜很多,也更適合較無架構的資料。此外,星展也為詮釋資料(metadata)建立了新架構,清理八千萬份不完整的資料紀錄,針對誰能存取資料、哪些客戶資料適合擷取,開發新的協定,並導入視覺化工具,讓資料中的趨勢更顯而易見。

古普塔持續面對該在哪裡儲存及處理資料的問題。星展銀行在過去幾年大幅轉移到私有雲(private cloud),但他們的資料顯然多到無法全部儲存於在地端(on premise)。他們現在採取混合雲(hybrid cloud)的方式,雖然過程複雜,但要素已經就位,讓團隊可以在過程中實驗及反覆執行。

在古普塔的領導之下,星展還打造了嶄新的資料治理架

構。舉例來說，他們設立了盡責資料使用委員會，負責檢視面向客戶的資料是否適合蒐集與使用。採用的依據除了合不合法，還有什麼樣的蒐集與使用是客戶能接受的。星展銀行遵循 PURE 原則——資料蒐集應該具有目的性（purposeful）、不令人意外（unsurprising）、維持尊重（respectful），並且有辦法解釋（explainable）。

在星展的 AI 轉型過程中，人才是另一個古普塔選擇聚焦的領域——包括專業的資料科學家，以及許多銀行潛在的「平民資料科學家」。他很自豪，因為星展目前雇用了約一千名資料與分析人才，包括資料科學家、資料分析師和資料工程師；有些任職於核心部門，但更多分散在公司各式各樣的職能部門和單位。

多年來，星展銀行舉辦駭客松（hackathon）讓高階主管參與，促使他們思考數位創新，並採取行動。近來，古普塔開始思索該如何鼓舞員工，讓他們不再畏懼 AI。其中一名員工提議，讓大家參與亞馬遜網路服務公司（Amazon Web Service，AWS）的深度競速聯盟（DeepRacer League）模擬賽，這是透過自動駕駛賽車教導機器學習與強化學習的賽車比賽。星展規劃在 2020 年利用這個比賽訓練三千名員工。

古普塔本人也參賽了，他說：「我很高興能排在所有員工的前一百名內。」有些星展員工表現得非常好，甚至有一位員工成為 AWS 深度競速聯盟 F1 職業暨業餘賽的冠軍。

派許・古普塔致力於持續建立星展銀行的 AI 實力。他表示，AI 終將成為銀行業的基本門檻。其他許多銀行都選擇採用外部廠商的 AI 能力，但他堅持在內部建立起 AI 使用案例。「我們必須具備與數位原生企業相同的能力，」他說道：「這樣才有辦法持續創新，並在必要時和他們競爭。」

古普塔的目標是讓星展員工擁抱 AI，不要害怕 AI 會搶走自己的工作。到目前為止，星展沒有人因為 AI 失業，有些人技能提升反而改變了職位。由於星展仍在持續成長，他們得以利用 AI 大幅改善某些領域（例如採用強大聊天機器人的客服中心）的效率，進一步繼續推動成長。然而，儘管古普塔持續協助員工充實技能，讓他們有辦法為 AI 增添價值，但他也承認，沒有人知道未來 AI 的能力會擴張到什麼程度。

領導者的課題

關於 AI 領導者，前述案例帶給我們什麼啟示？古普塔

展現了許多可以適用在其他領導者和組織上的特質。首先，熟悉資訊科技的幫助很大。不具備與古普塔相同背景的執行長，當然可以透過學習，了解足以派上用場的 AI 及相關 IT 基礎架構知識，只是必須付出相當大的心力。

第二，同時開闢多個戰線很重要。每間公司領導者的作法有所不同，但最重要的是高階經理人員必須表達對科技的興趣、建立資料推動決策的文化、在公司內部推動創新，並鼓勵員工學習新技能。

第三，領導者掌控了預算。探索 AI 的花費不便宜，而 AI 的開發與生產部署更是所費不貲。AI 領導者必須有足夠的投資，才能達成兩種層次的採用。我們知道古普塔在採用 AI 初期，撥出大量預算進行實驗，而且並未在財務上提出太多要求。他說過：「太早提投資報酬率對實驗只有壞處。」到了近期，他才制定業務單位和職能部門的 KPI，要求記錄實行 AI 計畫省下的金額或報酬。星展個人銀行本財政年度的目標，是從 AI 應用中獲得五千萬新加坡元的報酬，而古普塔對達成這個目標充滿信心。

最後，高層 AI 領導者親自參與 AI 轉型的某些層面，或許會有幫助。資料一直都是很重要的議題，但像古普塔這麼

了解資料的執行長相對稀少。

　　開發特別重要的 AI 使用案例，是領導者親自參與的另一種可能性。舉例來說，摩根士丹利的財富管理部門（世界最大），打造了向客戶推薦投資構想的 AI 系統。當時的營運長是吉姆・羅森塔爾（Jim Rosenthal），而財富管理部門的主管是安迪・賽伯斯坦（Andy Saperstein），也就是現在的聯席總裁。早在十多年前，羅森塔爾就有了類似網飛（Netflix）推薦引擎的構想，他親自監督推薦引擎的開發，直到他從摩根士丹利退休為止。賽伯斯坦大力支持該構想，並監督後來的下一個最佳行動（Next Best Action，NBA）系統中，新增用於客戶互動的通訊平臺功能。摩根士丹利的資料分析長傑夫・麥克米倫（Jeff McMillan）告訴我們，沒有羅森塔爾和賽伯斯坦的長期參與，這個系統就不會誕生。

　　我們發現的 AI 加持公司中，也有其他優秀的 AI 領導者，每一位都具備符合其公司背景和特殊需求的獨特特質。以中國的平安為例，創辦人馬明哲具有經濟學與銀行學博士學位，他積極為公司各種金融服務相關的業務單位，尋找新的 AI 使用案例。

　　蓋倫・韋斯頓（Galen G. Weston）是加拿大零售巨頭羅

布勞的董事長兼執行長。和許多 AI 領導者一樣，韋斯頓對於科技及科技如何重塑零售業的樣貌，具有強烈的求知欲。韋斯頓家族擁有羅布勞大部分的股權（在該公司一百三十五年的歷史內皆是如此），而且他們以獨特的長遠眼光著名。最近從董事長職位退休的莎拉・戴維斯（Sarah Davis）也形容自己是一個「非常重視數字的人」。[2]

韋斯頓帶領公司收購了大型連鎖藥局——啟康藥房（Shoppers Drug Mart），以及一家醫療紀錄公司。他特別在乎資料、分析和 AI 能如何改善加拿大人的醫療。羅布勞已經擁有全加拿大最大的醫療軟體平臺，並提供在其零售店面販賣的五萬五千種產品的營養資訊，以及健康產品推薦。韋斯頓在一場會議中表示，「個人化醫療」是他每天早上起床的動力。

某些最優秀的 AI 領導者打從心裡熱愛科技。正如前面談過的，星展的古普塔就強烈展現此一特質。CCC 智慧解決方案是一家中型公司，稱霸汽車保險碰撞損害評估資料與 AI 影像分析的市場。執行長吉瑟希・拉瑪墨西（Githesh Ramamurthy）原本是公司的技術長，身為技術專家，他下了長期賭注，預測科技的演變方向，進而推動公司在幾個重

要面向獲得進展。他的賭注包括：

- 即早在廣泛的生態系中，採用雲端儲存並處理資料。
- 調查以車主用智慧型手機拍攝的引導式相片，進行碰撞損害影像評估的可行性，並加以實施。
- 最近的一項賭注，是預測自駕車和半自駕車的保險需要車載資訊系統與 AI 系統的大量資料，以評估事故造成的損害與責任。

AI 領導者也必須有能力看見公司的未來，並具備以行動來實現的勇氣。在第七章，我們會討論德勤通往 AI 加持的旅程。德勤是全世界最大的專業服務組織，在過去，這個產業一直非常重視專業人力。但德勤的業務、全球和戰略服務主管傑森・格薩達斯（Jason Girzadas）肩負責任，必須綜觀所有業務單位，並評估它們是否適合未來的商業與經濟環境。他的結論是 AI 將在德勤的未來扮演重要角色，於是說服德勤的合夥人大手投資會牽涉人類與 AI 系統密切合作的審計、稅務、諮詢和風險顧問業務流程。德勤尚未宣稱 AI 轉型已完成，但他們有了一個好的開始。

AI 領導有許多種形式，但這類領導者最常見的一種特質是，他們了解 AI 一般性的用途、能為公司帶來什麼幫助，以及對策略、商業模式、流程和人員會有什麼影響。唯有了解這些事情，才能有效地規劃領導者的角色；剩餘的部分，他們可以仰賴在擔任領導者時，培養出來的技術、直覺和脈絡評估能力。

栽種成功的文化種子

對我們描述的傳統公司來說，AI 轉型的一大挑戰，是建立重視以資料推動決策和行動的文化，並對 AI 改變業務的潛力充滿熱忱。否則，就算有些許 AI 倡導者散落在組織各處，仍無法取得所需的資源，來運用這項技術開發卓越的 AI 應用。AI 部門的主管將無法招募到優秀人才。即使打造出 AI 應用，公司也沒辦法有效地運用。簡而言之，少了正確的文化，AI 技術再好，可能都無法提供任何價值。

部分文化建立的工作，可以與 AI 實驗和專案同時進行。但有時候，某種程度的正式教育課程不可或缺。許多公司都已開辦資料素養或資料熟練度訓練，讓大量的員工（甚至是所有員工）學習資料類型、資料如何用於分析和 AI 計

畫、哪些類型的決策最好根據資料進行,以及資料和理解資料的方法對組織成敗有何影響。這些努力讓提案、發展、應用分析與 AI 工具,成為企業內所有人的責任,進而播下成功的種子。

領導計畫通常有許多要素,資料、分析與 AI 關鍵層面的概念學習常是其中之一。對許多人來說,體驗是最有效的學習方式,這可能牽涉模擬或討論使用案例。最初的訓練結束後,多數組織都能從持續學習中獲益;持續學習能強化關鍵課題,並說明各主題的新層面。

在個別專案的層次,變革管理通常與以下活動有關:辨認利益關係人,釐清目標和 AI 系統的表現預期,針對專案進度頻繁交流,並展示原型以取得回饋,以及重新訓練使用新系統的員工、提升其技能等。比起建立模型和設計程式,資料科學家和 AI 專家通常對這些活動比較不感興趣,因此許多公司會指派 AI 專案或產品經理,確保變革管理活動的確實執行。

調查資料顯示出這類介入的重要性。相較於其他受訪公司,高度投資變革管理的公司回報,AI 計畫超乎預期的可能性高了 1.6 倍,而且達成預定目標的機率高出 1.5 倍以

上。[3] 就此方面而言，德勤遵循了自家思想領袖的建議。他們在 2021 年成立了德勤 AI 學院，培養並擴充 AI 人才。該學院的目標不只是為自家專業人員提供 AI 訓練，還有為整個經濟體訓練 AI 人才。

對分析與 AI 職能部門的領導者來說，「傳道」與有關 AI 的文化轉型，可能是他們在催生 AI 成功的路上最重要的工作。迪士尼的分析與 AI 組織甚至用分析傳道（evangelytics）一詞，來強調說服公司的特定受眾、向他們傳達分析與 AI 作為商業工具能帶來的好處，是多麼重要的一件事。如果你的公司很幸運，不需要傳道者講述資料和 AI 的美好（但不太可能發生），就能專注在實施上。

AI 團隊的領導者在辨認、實驗和實施 AI 系統時所採取的步驟，與其他新科技相似。舉例來說，效仿早期採用者及專注在許多人感興趣的領域，都是明智的作法。例如，最近才卸下蒙特婁銀行 AI 卓越中心主管的張苙（Ren Zhang，音譯），起初將焦點放在具有大量資料的業務之 AI 使用案例。[4] 像是該銀行的數位部門有來自客戶的大量點擊流（clickstream）資料，需要 AI 與分析來理解這些資料，並將客戶的互動個人化。該銀行的金融犯罪部門也有關於客戶與

員工行為的資料，對於如何使用最新 AI 工具偵測，並阻止犯罪行為深感興趣。張荏的 AI 計畫較少關注企業內部偏保守的部分。舉例來說，商業銀行服務的客戶比個人銀行少，相較於自動化的流程和互動，他們更偏好人性化服務。雖然信貸風險職能部門的經理人員，支持使用資料和分析做出更好的信貸決策，但此一業務層面受監管的程度很高。

　　AI 專案的領導者應該尋求和利用業務領導者的支持。這麼做能確保取得必要資源，並以 AI 專案有管理層的支持，來說服公司其他成員。在理想的狀況下，該步驟應該在大型 AI 計畫啟動前完成。舉例來說，禮來公司延攬威賓‧戈珀爾（Vipin Gopal）擔任資料分析長後，他最早展開的作為之一，就是訪問組織內部的業務領導者。他從訪談結果中，整理出使用案例應該重視的三大領域，在每一個案例中，都會與該領域的領導者討論成本與效益，並將想法和整個高階經理團隊報告。這些專案都獲得支持，得以成功進行下去；有些已經在部分實施後，顯現許多效益。當然，採用 AI 的手段愈積極，愈該確保得到利益關係人的大力支持。

　　另一個讓組織支持 AI 計畫的方法，是頻繁回報成果並宣傳成功經驗。先前提到星展的派許‧古普塔鼓勵組織舉辦

活動,每年兩度展示成功或有望成功的 AI 實驗。戈珀爾在禮來也會舉辦這類活動,目的不只是為了宣揚成績,也是為了在公司建立以資料和 AI 為導向的社群。尤其是分散式組織結構中的員工,更需要有常常聚在一起的機會(一年至少一次)。這些活動的重點可以是社群建立,也可以是 AI 相關新技術和科技的學習。

在公司內部領導 AI 轉型的人,必須透過結合短期價值與長期轉型的潛力,以維持對 AI 的正面觀點。如果我們採信自家和其他組織的調查,許多經理人員都認為,AI 將會對他們的企業和所屬產業帶來革命性的影響。以 2020 年進行的調查為例,全球受訪的經理人員當中(全部都已經採用 AI),有 75% 相信 AI 將會快速(在三年之內)轉變其組織。[5]

想要實現他們的期望,AI 開發人員必須產出優秀的使用案例和應用的生產部署。然而,正如我們先前討論過,目前的 AI 應用範圍相對侷限,通常連一個職位的工作都無法完全勝任,更別提整個業務流程了。因此,AI 組織的領導者必須宣傳任何微小的成就,來說明它們將協助推動大規模的變革。

舉例來說，一家與我們合作過、以 AI 為導向的醫療保險公司，其 AI 團隊發展出可以從 PDF 檔中，提取保戶資料的機器學習應用。這個成就看似平凡無奇，但公司向利益關係人說明，這讓他們朝向客戶互動轉型邁進了一步。可以從 PDF 檔提取資料，代表客服中心人員可以使用這些資料，快速判定保戶健康保險方案的詳細內容，更輕鬆地回答問題。這也是一個墊腳石，讓公司能邁向對話式 AI 系統，最終減少客戶打給客服中心的需求。該公司的 AI 主管在討論該系統時，同時強調了短期成就與長期計畫。

教育員工有關 AI 與未來工作的知識

或許在有關人類層面的 AI 議題中，對組織最大的挑戰，是教育員工關於 AI 的能力，以及未來對其工作可能的影響。原因有很多：大型組織的員工很多、難以預測未來幾年內工作會因為 AI 有哪些改變，以及不同的員工對於工作的目標和興趣也不同。因此，「一體適用」的教育計畫不太可能有成效。

有些公司（通常不是全力投入 AI 的公司），將這些挑戰視為限制員工 AI 教育的理由。[6] 舉例來說，一家大型國防

承包商的人資主管,就用以下三個論點為自己的作法辯駁:

1. 公司近期有許多其他互相競爭的優先事項。投資如此長期且影響不明確的計畫,值得嗎?
2. 工作變動和自動化的進展速度比專家預測的慢得多,我們在改變來臨時再調整即可。大多時候,工作出現的變化會是任務增加或是新技能,而不是裁員。這類變化達成的難度較低,也比較容易規劃。
3. 關於 AI 的預測充滿不確定性,我們很有可能會搞錯。公司到頭來還是必須即時調整。

這些論點不無道理,但我們採取不同的觀點。我們認為,預測 AI 帶來的某些工作變化,或者至少讓員工做好準備,迎接一般性的工作變化,是辦得到的事。雖然 AI 更可能是增強而非大規模自動化工作,但是這種強化也會導致工作出現變化,員工必須做好準備。我們在 2018 年的調查發現,有 82% 的 AI 採用公司,預期員工的工作會在未來三年內出現中度或大幅度的變化。[7] 儘管有其他互相競爭的優先事項,我們認為現在正是教育員工關於 AI 及其影響的最佳

時機。這可能需要一些時間,所以一刻都不得浪費。這些觀點與某些 AI 導向公司,用來解釋他們目前行為的說法不謀而合。

當然,某些組織想要重新訓練員工或提升員工技能,卻不確定未來的工作需要哪些技能,但他們有信心,未來需要的將會是數位導向的技能。例如,亞馬遜已經承諾投入七億美元重新訓練員工,確保他們具備在漸趨數位化的就業市場蓬勃發展的技能;無論有沒有留在亞馬遜都一樣。該公司主要關注在配送中心的三分之一員工、運輸網路及總部的非技術性職位。亞馬遜為配送中心的員工(較容易受到自動化影響)提供 IT 支援技師等職位之再訓練,也為非技術性的企業員工提供軟體工程技能訓練。[8]

同樣地,新加坡星展銀行的領導者也為員工提供七項數位技能,包括數位溝通、數位商業模式、數位科技,以及資料導向思維。這個課程稱為 DigiFY,目標是提升眾多銀行員工的技能。德勤則把重點放在讓專業人員熟悉科技,他們假設在 AI 導向的商業環境中,幾乎所有員工都必須了解科技的運作方式,以及如何在工作中應用科技。這三家公司都相信,無論未來的工作有何變化,員工和雇主更熟悉數位科

技都會有好處。

有時候，新技能會催生新的角色。星展還培養了一群「翻譯家」，這些人以量化為導向，但不是資料科學家，可以擔任商業利益關係人與 AI 開發人員之間的橋梁。[9]這個角色很重要，已經受到廣泛討論，卻沒有得到廣泛實施。星展甚至決定，所有 AI 專案當中，每兩名資料科學家就要搭配一名翻譯家。星展銀行的分析長薩米爾・古普塔（Sameer Gupta）表示，當這兩種角色互相合作時，資料科學家進行建模會更有實驗精神，而翻譯家可以確保實際的商業問題得到解決。

該策略的一種變化形式，就是教導員工資料科學技能。採取這種作法，經常要與資料科學領域的線上課程供應商合作。舉例來說，能源業巨頭殼牌發現他們的資料科學家遠遠不足，無法完成公司規劃的所有 AI 相關專案，於是自 2019 年開始與 Udacity 合作，先為具備 IT 背景的人員籌劃了試驗性課程，接著又以石油工程師、化學家、資料科學家和地球物理學家等專家為對象，開啟更大規模的計畫。在每週學習十到十五個小時的情況下，通常需要四到六個月才能完成一個 AI 微學程（nanodegree）。截至本書寫作時間為止，殼

牌已完成或正在參與該微學程的員工超過五百名,還有另外一千名的員工完成了資料素養或數位素養課程。

空中巴士同樣也與 Udacity 合作,讓超過一千名員工接受資料科學與分析訓練。該公司要求員工和主管每週花費半天的時間受訓。主管會與員工一同尋找資料科學領域的試驗專案,讓員工去鑽研,而主管負責監督他們的進度。空中巴士認為這個訓練計畫能帶來許多益處,不只能提升可以運用 AI 工作的人數,也能打造一個對資料科學和 AI 感興趣的社群,可以與核心資料科學團隊合作。此訓練計畫也能提供在公司部署 AI 最佳實務的途徑,而各項專案的執行能提升主管及其業務對 AI 的熟悉度。

有些組織試圖預測未來工作的性質,以及這些工作將需要哪些技能。當然,要精準預測未來很困難,甚至是不可能的任務。就算有辦法預測,每個工作大概也會有很大的差異。話雖如此,這些公司還是開始預測組織內所有工作的未來樣貌,尤其是那些可能受 AI 影響,或是與未來策略密切相關的工作。

舉例來說,美國一家積極採用 AI 的大型銀行宣布,將針對 AI 造成的工作變動投資三億五千萬美元進行重新訓

練,而且採取的手段兼顧預測和細節。[10] 該公司與麻省理工學院及其他組織的研究人員合作,根據機器學習適配性（suitability for machine learning,SML）檢驗,試圖了解哪些技能和工作最有可能被 AI 取代。[11]SML 分析將協助銀行規劃這些工作的變化,並幫助員工取得調整職務後需要的技能,或是過渡到新的工作崗位。有些公司會根據自家策略或產品,做出有關特定工作的預測。在歐洲,由微電子公司組成的同盟——歐洲技能協定（Euro Pact for Skills）將投入二十億歐元,讓現有和未來的員工接受電子元件和系統的訓練。通用汽車（General Motors）正在訓練員工製造電動車和自駕車。威訊（Verizon）則雇用並訓練資料科學家和行銷人員,打算擴展 5G 無線技術。SAP 訓練員工在雲端運算、人工智慧開發、區塊鏈和物聯網領域的技能。預測特定產業的趨勢和走向,以此作為重新訓練員工的依據,比預測商業整體走向來得容易,但也會有出錯的時候。

聯合利華,一家目前和未來都高度仰賴 AI 的公司,採取不同的方法讓員工做好準備,以迎接未來的工作。他們不預測哪些工作將出現變動,而是協助提升員工對職涯走向的掌控權。員工將有能力在工作和職涯中,主動選擇自己想要

的改變,而不是被動地對變動做出反應。聯合利華向員工描繪不一樣的職涯走向,以及協助促進這個過程。他們幫助員工選擇職業目標,並了解想達到目標需要哪些技能。接著,提供各式各樣的訓練選項(內外部皆有),讓員工習得這些技能。

同樣地,將 AI 應用於製造的先行者──奇異數位(GE Digital),其內部最受歡迎的人資工具,能根據員工現有的工作,顯示最適合他們的發展進程。[12] 員工可以私下使用該工具,了解有哪些可能的路徑、需要取得哪些技能,甚至有哪些職缺。這能讓員工覺得自己擁有更多機會,對他們在公司內的位置更有掌控權。

只要是 AI 及相關議題,任何類型的教育或許都有幫助,而且當它們能吸引參與者(尤其是經理人員)投入時,成效最佳。有些公司安排了能讓高階主管主動研究,並開發 AI 相關專案的計畫。像是星展的「駭客松」,主要目的並不是撰寫程式,而是鼓勵參與者思考 AI 導向產品或服務需要的所有元素。道明銀行(TD Bank)的財富管理業務部門也有類似的計畫:財富 ACT(WealthACT,Accelerate Change Through Technology,透過科技加速變革)。該計畫讓參與者

拜訪矽谷、波士頓和蒙特婁等科技重鎮，並訪問客戶與開發新產品。[13]

　　AI驅動公司顯然了解AI不只是一項技術，這些公司有領導者的強力推動，正在建立資料導向的文化，並教導人員主動參與自己的AI旅程。他們大多可能都會證實：AI技術很容易，鼓勵人員和組織去探索、建造和使用AI才是真正的挑戰。但是AI的積極採用者大部分已達到此目標，其他想認真將AI視為競爭和企業轉型工具的組織，都值得學習這些榜樣。

Chapter 3

策略

如果你對組織的 AI 策略沒有概念,那麼,就還沒做好迎接下一波顛覆性科技的準備⋯⋯你必須決定公司在下一波科技變革所扮演的角色,以及如何將 AI 整合到業務當中,才能成為該產業的佼佼者。

——由輝達(Nvidia)的 Megatron AI 系統自動撰寫

我們常會覺得 AI 主要是資料科學家和技術人員的職責,畢竟他們是負責訓練和部署 AI 模型的人。但組織若想藉助 AI 之力轉型,就必須有不同的團體參與,並且進行各式各樣的對話。公司應該時常自問「AI 能如何改善我們的業務?」「我們該如何利用 AI 創造新產品,以達到成長的目標?」「我們該怎麼透過 AI 賺錢?」這些問題是高階主管、策略部門,甚至是策略顧問亟需展開的策略性對話,在 AI 加持公司中,絕對時常有人在詢問和回答這類問題。

當然,這類對話的難度很高。參與者必須熟知公司的業務處境和可能策略,並了解 AI 能怎麼解決眼前難題,或為公司帶來轉型。這也是為什麼我們使用「對話」這個詞——所有的想法不可能出自一個人,也必須透過討論和商議一再

琢磨。

組織試圖透過 AI 達成的目標，按照策略可以分成三個主要類別。採取任何 AI 策略，都必須放在目標的脈絡下進行思考。這三個主要類別是：

- **創造新事物**，包括新的業務或市場、新的商業模式或生態系、新產品和／或新服務。
- **營運轉型**，大幅增進公司現有策略的效率與效果。
- **影響客戶行為**，運用 AI 影響關鍵的客戶行為，例如他們社交、維持健康、理財、駕駛車輛的方式等。

我們將在本章描述一系列的主題，探討 AI 對策略的影響，並以實例說明公司如何追求每一種策略類別。我們討論的 AI 導向公司包括：

- 開創新業務和市場：羅布勞
- 開發新產品與服務：豐田汽車、摩根士丹利
- 建立新的商業模式和生態系：平安、空中巴士、殼牌、損保、安森

- 營運轉型：克羅格
- 影響客戶行為：各種公司，包括 FICO、宏利、前進保險和 Well

上述許多公司都利用 AI 同時追求不只一個策略類別，但我們會聚焦討論各公司最想達成的主要類別。

策略類別 1：創造新事物

藉由全力投入 AI，公司能創造許多做生意的新方式，包括新的業務和市場、新產品與服務，以及新的商業模式和生態系（或許是 AI 帶來最令人興奮的機會）。我們會描述創造新事物這個類別下的每一種方法，並提供一個（或多個）詳盡案例，說明公司如何採取這些方法。

新業務和市場

全力投入 AI 的公司，不只是運用人工智慧支援既有的業務，也會協助創造新業務，並打入新的市場。他們會利用 AI 強化既有的優勢，以提供新的產品和服務類型，或是以更有效率和效果的方式，提供既有的產品和服務。雖然我們

認為這是個好主意,但是橫跨數年度的企業 AI 使用情況(AI in the Enterprise)年度調查結果顯示,多數公司都是使用 AI 改善既有的業務流程。然而,2021 年度的調查發現,成就較低的公司(初心者或落後者)經常比較專注在提升效率或降低成本,而成就較高的公司(轉型者或尋道者)更有可能著重成長導向的目標,例如改善客戶滿意度、開發新產品和服務,以及進入新的市場。

《麻省理工學院史隆管理學院評論》最近的一項分析,進一步證明了 AI 的創新策略思維之價值,該分析發現,主要用 AI 來探索和創造新商業價值形式的公司,與主要用 AI 來改善既有流程的公司相比,前者提高與 AI 競爭的能力之機率是後者的 2.7 倍。[1]

羅布勞運用 AI 加速它在醫療產業的成長。羅布勞以零售食品雜貨店聞名(加拿大最大的連鎖食品雜貨品牌),但近期積極在醫療產業開疆闢土。2013 年,羅布勞收購了加拿大最大的連鎖藥局──啟康藥房。2017 年,還買下電子醫療紀錄供應商 QHR。2020 年,對遠距醫療供應商 Maple 進行少數股權投資。現在,羅布勞能在超過兩千個地點、一百五十間診所提供醫療服務。

然而，羅布勞的領導層經常表示「數位化是醫療產業的未來」，該走向主要體現在 PC Health 應用程式（PC 代表的是總裁首選〔President's Choice〕，是羅布勞業績優秀的高級零售商店品牌）。PC Health 的目標不是取代加拿大既有的醫療服務（大部分已經國有化），而是引導加拿大國民有效地使用醫療體系，提供醫療服務的「入口」。羅布勞也提供加拿大規模最大的忠誠計畫，讓 PC Health 的使用者可以藉由從事健康相關活動賺取忠誠點數。在未來，羅布勞打算將穿戴式和家庭醫療裝置的資料整合到 PC Health 當中，並以忠誠點數獎勵健康的行為。

PC Health 使用的 AI 功能，大部分都是由羅布勞的合作對象——加拿大新創公司 League 所提供。League 提供個人化的健康建議，並針對特定的健康目標量身打造健康計畫。League 也與雇主和保險公司合作。雖然 League 運用 AI 提供個人化建議，但不管是 League 或羅布勞，都致力於提供來自人類（藥師、護理師和醫師）的醫療建議。

羅布勞在醫療產業的資料資產相當豐沛，包括電子醫療紀錄、藥局處方資料，甚至是各式各樣的醫學影像資料。許多客戶在其食品雜貨店購買哪些食物，該公司也瞭若指掌。

羅布勞到目前為止的經驗相當正面，因此很可能會繼續運用 AI 提供新的醫療服務。

新產品與服務

另一種策略是運用 AI 開發新的產品和服務，或是大幅強化既有的產品與服務。這個趨勢在矽谷的公司很常見，他們會將 AI 導入許多產品。以谷歌為例，搜尋、Gmail、地圖、Home、翻譯和其他許多產品都已經導入 AI。如同前述，將 AI 導入產品對數位原生組織來說很自然，但對傳統公司來說，要以有意義的方式將 AI 導入產品和服務中，難度通常比較高。

在新產品中導入 AI：自駕車

在實物產品中導入 AI，最明顯的例子或許就是自駕車。可惜的是，全自動駕駛的概念遭遇了一些困境。事實上，整個汽車產業正默默地從全自駕車這個主題撤退。自駕車與共乘緊密相關，而在疫情肆虐的 2020 年代初，客戶似乎對共乘比較不感興趣。[2] 有數家自駕車製造商聲稱，正在開發具備自動駕駛功能的無人計程車和私人車輛，但這些計

畫都被取消或延遲，有時還不只一次。自駕卡車新創公司 Starsky Robotics 甚至倒閉了。正如《汽車與駕駛》（*Car and Driver*）近期一篇文章標題所言，「發明自駕車所需的時間比所有人預料的要久」（Self-Driving Cars Are Taking Longer to Build Than Everyone Thought）。[3]

業界的共識似乎是自駕車的進度已經達到八成，但是剩餘兩成所需的時間等於剛開始的八成，也就是將近四十年。自駕車在某些高度受限的環境中表現良好：溫暖、乾燥的城市中，設有地理圍欄、沒有行人的區域。像是鳳凰城的某些街道，就有谷歌／Waymo 的無人計程車穿梭其中，但這些受限環境需要的車輛，不足以讓整個產業蓬勃發展。

豐田汽車的智慧車策略很有趣。談到自駕車開發，或者更廣泛的 AI 導向公司，豐田可能都不是人們首先會想到的品牌。但是豐田研究所（Toyota Research Institute）的 AI 導向專案「護衛」（Guardian）已經執行多年，目標是讓人類駕駛更智慧化、更安全。豐田研究所的執行長吉爾・普拉特（Gill Pratt）多年來都強調安全的重要性。2017 年，普拉特在麻省理工學院的研討會上，以自駕車為主題發表演說，湯瑪斯在事後寫道：

他（普拉特）指出，在美國車禍占成人死因不到1％，卻占了青少年死因的35％。因此，豐田正在開發具備「護衛」模式的車輛，保護青少年（還有其他差勁的駕駛），避免他們犯下致命的駕駛錯誤。豐田也為需要持續協助的年長駕駛開發「司機」（Chauffeur）模式，這在人口急速老化的日本特別重要。[4]

普拉特與豐田研究所為了「護衛」和「司機」模式，仍在努力中。我們很難知道目前的進度如何，但豐田研究所有一個職缺說明包含這項資訊：

加入我們，透過先進的人工智慧、自動化駕駛、機器人技術和材料科學，一起完成改善人類生活品質的使命。我們致力於打造行者無界（mobility for all）的世界，無論年齡和能力，讓所有人都能與科技和諧共處，享受更好的生活。我們將透過 AI 的革新協助達成以下事項：

- 開發無論駕駛有何行為都不會造成車禍的車輛。
- 開發新的車輛和機器人技術，讓人們能享有更高度的獨立性、易達性和移動能力。
- 加快先進移動科技的上市速度。
- 尋找能讓電池和氫燃料電池更小、更輕、更便宜、更強大的新材料（注意：豐田研究所這項研究也廣泛運用 AI）。
- 開發以人類為中心的 AI 系統，強化（而非取代）人類決策以提升決策品質（例如減少認知偏誤），和／或協助創新週期加速。[5]

豐田在 2019 年的消費電子展揭露了有關「護衛」的某些資訊，其中一份新聞稿描述它是透過混合式統包控制（blended envelope control）促進安全的方法。[6]雖然細節還不明確，但「護衛」似乎採用了線控驅動（數位操控）技術：駕駛將指示輸入車輛電腦，當電腦判斷駕駛的指令太危險，就可以推翻它。根據豐田的說法，這與現代戰鬥機的運作方式類似。

駕駛看到汽車反抗自己的指令會有什麼反應，現在還很

難說。這種程度的智慧和控制，對某些駕駛來說可能過多了。但多數駕駛似乎不介意會讓方向盤震動的車道變換警示，或是感應到前方出現物品時，接管車輛的自動煞車系統。他們可能只會把控制權更大的「護衛」系統，視為這些駕駛強化功能的延伸。

當然，上述都只是策略。實際施行才是決定「護衛」專案最終成敗的關鍵。此外，豐田和豐田研究所也同時開發全自駕的「司機」系統，儘管該公司表明近期還是以「護衛」為重心。普拉特表示，安全功能將在「2020 年代」上線，比起全自駕車即將上市的預言，這個說法合理多了。豐田在 2022 年的某些車款，導入了另一套進階駕駛輔助系統「隊友」（Teammate）。這套系統具備半自動巡航和停車的功能。

我們認為這個策略對豐田有利，原因有很多。豐田以製造可靠車輛，並且每年穩定逐步改善（運用「豐田生產方式」）聞名，這種智慧車策略相當符合豐田的公司文化。

此外，比起全自駕車，著重安全帶來經濟報酬的速度可能更快。汽車製造商和創投公司在全自駕車專案上，投資了超過一百六十億美元，這些投資很難在短期內完全回收。但是注重安全的家長或年長駕駛，可能會因為「護衛」功能而

選擇購買豐田汽車。透過 AI 賦予車輛自主能力或提升駕駛安全，都是長遠的目標，比起全自駕車，豐田透過「護衛」將 AI 納入車輛，更可能在短期內成功。

同樣地，空中巴士花費多年開發飛機和直升機的視覺導航功能，其中包括滑行、起飛和降落等過去未納入飛行器自動駕駛系統的功能。雖然空中巴士已經實施各種自動化的航空運輸，卻無意以 AI 工具取代人類飛行員，而是將焦點放在飛行員輔助和增進安全性上。

在新服務中導入 AI：財富管理

AI 還能用來進行服務差異化，並為服務增添價值。常見的作法是，以與過去不同、更智慧的方式，提供相同的服務。舉例來說，十多年前，時任摩根士丹利執行長的吉姆‧羅森塔爾就想到要開發類似網飛的推薦引擎，幫助公司的財富管理部門進行服務差異化。摩根士丹利的財富管理業務規模很大，其資產管理規模在全世界名列第三，僅次於瑞銀集團（UBS）和瑞士信貸集團（Credit Suisse），傳統上，他們倚重人類財務顧問為客戶提供建議。[7]

自從羅森塔爾出現這個構想後，摩根士丹利就著手開發

下一個最佳行動（NBA）系統，為顧問提供要呈現給客戶的財務觀點。該公司嘗試過各種 AI 技術，最後決定使用機器學習辨別投資、值得注意的行動，以及對特定客戶的相關性。該系統在 2017 年推出時，重心全放在提供個人化投資建議上。NBA 系統讓財務顧問能在幾秒內，為客戶找到個人化的投資計畫；同樣的事，在過去要花四十五分鐘左右。這項工作以人工執行並不實際，因為平均每位財務顧問的客戶人數高達兩百多名。

　　NBA 系統可能一天就會推薦二十多種可以寄給客戶的投資計畫，但最終是否寄出將由財務顧問決定。舉例來說，系統可能會告訴客戶，某檔債券的評等遭到降級，並建議替代選項。系統也可能通知客戶，顧問發現他們的帳戶有十萬美元入帳，請他們與財務顧問聯絡，討論這筆錢的投資計畫。如果共同基金或交易所買賣基金的管理人員出現變動，系統可能會建議聯絡客戶討論是否想要繼續投資。納稅年度接近尾聲時，系統可能會建議向客戶推薦節稅計畫。換句話說，NBA 系統可用來將客戶轉換到主動管理程度更高的投資組合。

　　摩根士丹利的 NBA 系統，與貝萊德（BlackRock）及其

阿拉丁財富（Aladdin Wealth）風險管理平臺合作，有能力針對投資組合的風險水準和內部問題提供建議。阿拉丁會持續篩查客戶投資組合中的各種風險，若發現高度風險，就會通知客戶，並鼓勵他們與財務顧問討論。

自 2017 年以來，摩根士丹利也著重 NBA 系統中的客戶互動與溝通層面。財富管理部門的管理團隊認為，經常與客戶互動是財務顧問取得成功的主要方式，而下一個最佳行動系統（現在包含客戶溝通平臺）協助了這個流程。誠如公司的分析長傑夫・麥克米倫在訪談中所說：「我們的機器學習演算法非常精密，可以辨別客戶感興趣的主題，但財務顧問最終仍是以人為本的工作。就算系統只能提醒客戶，顧問會照料他們，在很多情況下，這樣就夠了。」

是否使用這套系統純屬自願，並不是所有財務顧問都會使用，因此，我們不可能計算出 NBA 系統或溝通平臺的資產管理規模，或者其他財務基準。但根據麥克米倫的說法，使用系統的顧問不只效率更好（因為系統尋找相關投資計畫的速度快很多），客戶互動的頻率也更高。在 Covid-19 疫情期間尤其有幫助，光是封城的前兩個月，財務顧問就送出超過一千一百萬則訊息給客戶。雖然無法面對面，顧問還是能

在線上接觸到客戶。

有時候,其他高階財富管理公司會說,AI 沒辦法為客戶管理包含另類投資(如藝術品、大宗商品或私募股權)的投資組合。但麥克米倫告訴我們,這不能當作藉口:

> 有些人認為這些工具僅適用於富裕大眾(mass affluent),不適用於超高淨值人士,理由是這個族群太小,工具無法做出值得信賴的建議。但我們可以根據個別客戶的行為和個性提出具體建議。如果資料不足,無法使用機器學習,我們可以運用商業規則,或測試與對照的方式,看看哪些建議有成效。

麥克米倫表示,這不只是一套系統,而是一種做生意的方式,競爭對手是模仿不來的。他認為這要歸功於跨部門的系統和流程管理方式,以及具有遠見、長期支持該構想的經理人員。除了已經退休的羅森塔爾,麥克米倫也提到前財富管理部門主管、現任摩根士丹利聯席總裁安迪・賽伯斯坦的貢獻。在我們看來,NBA 系統能成為現實,麥克米倫也厥

功甚偉。

新的商業模式和生態系

AI 在過去二十年推動了許多新的策略和商業模式,但大部分獲益的公司都是數位原生公司。當然,這些公司相當成功,他們的多邊平臺(允許管理買賣雙方的關係)成長快速,而且獲利驚人。商業顧問貝瑞·李伯特(Barry Libert)有關商業模式類型的研究顯示,多邊平臺是所有商業模式中估值最高的一種,也是某些傳統商業模式年營收乘數的 4 倍以上。[8]

AI 在平臺商業模式的成功中扮演重要角色。來自平臺參與者的資料加上機器學習,能協助媒合客戶與他們想要或需要的產品和服務。客戶服務也可以透過 AI 個人化,而上百萬使用平臺的客戶,需要智慧型代理和聊天機器人提供的高效率客服。因此,臉書、Airbnb、亞馬遜、谷歌、優步(Uber)、阿里巴巴、騰訊和其他使用平臺的領先企業,也是在業務中應用 AI 的世界領先者,就不令人感到意外。

但是,傳統產業的 AI 加持公司,也開始開發以 AI 驅動的平臺商業模式。他們增加新的業務,並創造新的商業生態

系,以達到成長、蒐集資料,並吸引新客戶的目的。[9] 對他們來說,AI 是為客戶減少摩擦的主要工具。我們 2021 年的調查證明,AI 領先者採取此一生態系策略。調查發現,生態系較多元的組織使用 AI 與競爭對手做出差異化的可能性,是其他組織的 1.4 倍。此外,調查中成就最高的兩組 AI 使用者(轉型者與尋道者),具有兩個或更多生態系關係的可能性,比其他兩組高出許多(成就最高的兩組是 83%,成就較低的兩組則是 70% 和 59%)。具備多樣生態系的組織,也比較可能擁有透過 AI 轉型的遠見、規模擴及整個企業的 AI 策略,以及把 AI 當作差異化策略工具。這些調查結果不一定包含成熟的平臺,但建立生態系是邁向該目標的第一步。

AI 驅動的生態系:平安

中國的平安或許是 AI 驅動生態系的最佳典範。平安於 1988 年以保險公司起家,現在以領先的消費性金融服務公司自居,透過整合的金融服務平臺,提供產品與服務。其業務包括金融、醫療、汽車和智慧城市服務。

以醫療為例,平安的醫療生態系連結了政府、病患、醫

療服務供應商、醫療保險業者和科技。在醫療服務中，該公司使用 AI 相關服務，協助醫師診斷並治療超過兩千種疾病。截至 2021 年 9 月為止，平安服務了四億名使用者，透過兩千人組成的內部醫療團隊，以及超過四萬六千五百名外部醫師，提供累計十二億次的會診。他們與十八萬九千家藥局、四千家醫院，以及八萬三千家醫療機構合作。這些數字不僅顯示了中國的人口龐大，也顯示數位平臺商業模式能帶來極快速的擴張。

這個生態系的主要價值在於促進企業成長，以及提供有效的醫療服務，還有另一個重要功能，那就是累積訓練 AI 模型的洞見。獲得適當的允許和授權後，平安的醫療生態系可以取得付款人的索賠和付款資料、醫療供應商的治療資料、藥局的處方資料、病患的症狀資料，以及來自其他生態系成員的其他類型資料。截至 2020 年，平安已經掌握超過三萬種疾病、超過十萬次會診紀錄的資料。綜上所述，平安的商業模式構成了其首席科學家肖京口中的「資訊深海」。

此外，平安透過隸屬於其智慧城市生態系的平安智慧醫療部門，提供放射醫學影像分析服務，透過影像判讀系統協助醫師和醫療顧問的診斷時間，從十五分鐘縮短為十五秒。

這也讓平安得以蒐集更多標記影像，有助於改善影像分析的機器學習模型。

類似的綜效和成長也出現在其他生態系之間，醫療／智慧城市兩個生態系的關係，只是平安發展「生態系的生態系」策略的案例之一。舉例來說，平安在 2020 年獲得的三千七百萬新客戶中，有 36％是透過生態系。截至 2021 年 6 月為止，平安超過兩億兩千三百萬的零售客戶中，有將近 62％都使用過醫療生態系的服務。平均而言，這些客戶的價值和資產都多於其他客戶。平安表示，他們正在進一步強化生活金融服務和醫療服務生態系的關聯。

萌芽中的新生態系：空中巴士、殼牌、損保

我們提過的 AI 驅動公司中，有幾家也正在發展生態系和平臺，但比起平安，處於較為初期的階段。目前，他們仍在摸索商業和收益模式，正在發展資料共享和整合的方法，並開發分析資料的 AI 應用。

舉例來說，空中巴士在 2017 年推出了 Skywise，一個與帕蘭提爾科技公司（Palantir Technologies）共同建立的開放資料平臺。該平臺的目標，是成為所有主要航空公司用以改

善營運績效和業務成果,並支持自家數位轉型的參考平臺。現代的民航飛機每天會產生超過 30GB 的資料,衡量飛機上下超過四萬種操作參數。至 2021 年,已經有超過一百四十間航空公司加入 Skywise,連線的飛機超過九千五百架。

　　Skywise 推出後,空中巴士的分析與 AI 專家開發了一系列的額外應用,充分運用所有可取得的資料:Skywise 健康監控、Skywise 預測性維護及 Skywise 可靠性。這些應用的目標都是改善機隊表現,最終實現根除非預定的維護工作。

　　「健康監控」可以即時整合所有來自飛機的資料,分析並排定設備事件的優先順序,以利更快速的決策,還可以協助決定去哪裡找到所需的零件。「預測性維護」在許多產業都很常見,會透過資料和機器學習預測飛機零件何時需要維護,而不只是定期維護。「可靠性」能提供設備的詳細規格,還可以偵測機隊中的技術問題,並排定優先順序。空中巴士維護了一套全球追蹤資料集,提供各航空公司訂閱,以追蹤自家或其他航空公司在世界各地的飛機。

　　空中巴士的防衛及太空部門提供 OneAtlas 影像與分析服務,甚至建立起更為開放的生態系。該公司的衛星會拍攝影像,而其深度學習模型(由空中巴士和合作夥伴開發)則

允許使用者偵測物體、加以分類,並觀察物體隨著時間的變化。這種地理空間分析非常精確,從土地使用和變化偵測,到經濟活動分析和監控。

這類功能可進一步作為防衛、製圖、農業、林業及石油產業等垂直產業開發主題式服務的構件,它們有可能由空中巴士獨立開發,像是 Starling(森林砍伐)和 Ocean Finder(海洋)。或者,與具備深度產業專業的合作夥伴共同開發,例如與 Preligens 合作開發監控防禦位址的功能,可自動監控全世界上百個敏感地點,並產生自動偵測報告;與 Orbital Insight 合作開發 Earth Monitor,能夠以接近即時的速度偵測基礎建設和土地使用的變化,還可以辨識車輛、卡車和飛行器,並且計算數量;與 4 Earth Intelligence 合作分析空氣品質,以及陸地和海洋棲息地;或與 Sinergise 和 Euro Data Cube 合作,衡量 Covid-19 對歐洲經濟和社會衝擊的分析。

候麥力・蘭東(Romaric Redon)是空中巴士集團層級的 AI 計畫與策略的領導者,他在接受我們訪問時說道:「OneAtlas 太空影像可以做到的事情太多,遠超過空中巴士能獨立完成的程度。因此,我們選擇使用正確的構件打造開

放的生態系，讓優秀的合作夥伴能夠進一步開發應用。」

另一家已建立多個生態系的 AI 導向公司，是日本的大型保險與老年照護公司——損保控股。該公司也與帕蘭提爾合作，並對其進行大規模投資。損保使用資料和 AI 的策略目標，是在安全、健康和幸福感方面帶來社會轉型。因此，它近期不只建立一個生態系，而是五個生態系：

- 移動（汽車保險是該公司長期關注的焦點）
- 護理照護（損保擁有並經營的療養院數量，在日本排名第一）
- 健康老化（有鑑於日本的人口狀況，這是很重要的議題）
- 韌性即服務（面向企業和政府）
- 農業（損保國際子公司提供穀物和天氣保險）

這些生態系的領導者暨損保數位長楢崎浩一告訴我們，損保預期會在各領域運用帕蘭提爾的方法，整合來自參與生態系的公司的資料，這些公司包括競爭對手與合作夥伴。損保也會開發 AI 應用來分析資料，並為資料增添價值。這家

公司自 2015 年開始發展 AI，已經有許多移動和護理照護方面的應用。他們也預期，先前對新創公司的投資將能成為 AI 發展的助力，損保的投資包括日本深度學習新創公司 Abeja，以及具備 AI「韌性平臺」的美國新創公司 One Concern。此外，還成立新的數位子公司 SOMPO Light Vortex，向其他公司銷售數位和 AI 應用。

殼牌也正在建立以能源產業 AI 轉型為中心的新生態系。[10] 這個「開放 AI 能源計畫」（Open AI Energy Initiative）的目標，是以 AI 提升能源產業和其他大型工業組織的效率，並且特別著重可靠性解決方案。到目前為止，該生態系的技術合作夥伴包括：專注工業 AI 應用的軟體與服務供應商 C3.AI、未來將納入雲端服務的微軟，以及領先的能源科技和油田服務公司貝克休斯（Baker Hughes）。

無論是初始合作夥伴，或是後續的生態系成員，都會為計畫提供 AI 應用和功能。生態系中將採取交換制度：AI 服務是透過公平價值交換進行參與的關鍵。獲得計畫認可的每一個應用都會在 C3.AI 的平臺上線，殼牌數位創新與運算科學部門主管丹・吉逢斯（Dan Jeavons）表示，最終會形成「製程產業的應用程式商店」。吉逢斯還表示，這個生態系

計畫會互相分享資料:「經營者多年累積下來的豐富資料資產,會是解決最棘手數位難題的關鍵。」而且這個計畫具備「根據開放標準建立的標準化資料模型」。[11]

開放 AI 能源計畫會對其成員有何商業影響,目前尚未明朗,而且跟其他 AI 驅動的生態系相比,維護是規模相對侷限的商業流程。針對維護進行合作可能不太會引發競爭法疑慮。然而,這個計畫正在擴張當中,未來將納入能源公司如何轉換到永續能源、優化油田和天然氣田開發,以及減少管線和油井洩漏等議題。

安森的醫療數位平臺

安森是另一個擁抱平臺商業模式的 AI 加持組織,這家領先醫療公司致力於改善社區生活,以及服務超過四千五百萬名購買各種醫療方案的消費者。多年來,安森盡力打造數位與 AI 策略,與某些競爭對手不一樣,目標不是自行提供醫療服務,而是透過數位方式媒合生態系成員,以及他們所需的醫療服務供應商和服務(部分由 AI 決定)。

安森執行長蓋兒・布德羅(Gail Boudreaux)公開談論過這個策略,在公司 2021 年的投資人大會上說道:

> 我們已經從傳統保險公司脫胎換骨，逐漸成為一個數位醫療平臺……平臺策略建立在資料的基礎之上，運用預測性分析、人工智慧、機器學習，並與價值鏈上的公司合作，為我們的消費者、醫療服務供應商、員工和社群提供積極、個人化的解決方案。我們將運用數位能力拓展安森廣泛的藥品、行為、臨床和多元照護的資產與演算法，以提供完整的全人健康解決方案。我們的數位平臺和多元資產不只將從內部支持、加速安森的成長，也愈來愈能滿足外部客戶和合作夥伴成長中的需求。

要轉型為數位健康平臺，安森還有很長的路要走，但是該公司推出了一些具備 AI 的功能。安森與黑石集團（Blackstone）和 K Health 合作，共同扶植 Hydrogen Health 公司，打造了一款可以檢查症狀的手機應用程式。這款程式能告訴會員，其他類似症狀者的診斷結果和治療方式，以及是否需要諮詢醫師。如果需要，它能讓會員以低廉的成本取得遠距醫療；如果不需要，還能提供自主治療的選項，或是了解其他方式的更多資訊。截至 2021 年，這款症狀檢查應用

程式的互動人次，已經超過五萬兩千次。

安森還追求另一種策略類別，也就是影響客戶或會員的行為，幫助他們過更健康的生活。採取的方法之一，是與新創公司 Lark 合作。Lark 可按照個人化建議和對話式 AI，提供整合到安森智慧型手機應用程式的醫療諮詢。應用程式會透過文字訊息，提供有關糖尿病、心血管疾病、前期糖尿病、戒菸、壓力、焦慮和體重管理的行動建議。它會安全地使用來自安森會員索賠的資料，並使用來自連線醫療裝置（例如血壓計、體重計、血糖計）的資料進行遠距監控。如有需要，Lark 會安排使用者與真人健康指導員進行即時通話。已經有超過兩百萬人獲得 Lark 的建議，研究也證實，在各種臨床領域（例如降低血糖與糖尿病預防），改變生活習慣能帶來相當正面的影響。[12]

生態系 AI：交易或開發

對多數生態系來說（平安是例外），透過交易取得 AI 應用，會比實際開發的情況還多，而整合橫跨不同組織的資料會是初期的焦點。為了讓生態系和相關的商業模式獲得成功，參與的公司必須：

- 累積開發 AI 應用的大量內部能力。
- 與外部供應商合作，取得可以應用於公司問題的 AI 能力。
- 解決傳統上互為競爭對手的生態系成員之間「合作或競爭」問題。
- 決定如何分配新的商業模式帶來的經濟利益。

簡單來說，不管是交易或開發，都還需要做得更多。因為這個活動的不確定性，以及來自外部的可能影響（例如潛在的監管介入和限制），我們很難判斷這些生態系會如何隨著時間發展。然而，因為有平安商業模式的成功案例，在不遠的將來，AI 驅動生態系絕對有可能在全球經濟扮演重要角色。

策略類別 2：營運轉型

除了催生新的策略、市場和商業模式，AI 也可以用來協助營運轉型，讓定義明確的既有策略取得更佳成效。AI 可以協助公司，讓供應鏈經理確保產品準時送達、讓行銷人員吸引客戶購買、讓銷售人員拜訪有意願購買的客戶，並讓

人資經理雇用適合的員工。

提升克羅格的效率與效果

克羅格與其負責資料科學、洞見和媒體的子公司84.51°，為這個策略的執行提供了範例。2017年，這家連鎖食品雜貨巨頭宣布克羅格再造（Restock Kroger）策略，讓公司在變幻莫測的商業環境中，能更有效率地競爭。策略分成四大部分，其中有兩個部分大幅仰賴分析與AI。以下段落節錄自一篇描述策略、資料、分析和AI個人化的文章，84.51°在當中（特別是第一個目標）占了很大的篇幅：

> **重新定義食品與雜貨業的客戶體驗：**
>
> 克羅格將「加速」數位與電子商務活動，「透過（內部機構）84.51°將客戶資料和個人化專業應用到公司更多層面，並以自有品牌產品的出色成長為基礎繼續發展。」
>
> - 資料與個人化：使用消費者資料「為客戶創造不同的體驗」。目前，克羅格每年提供的個人化建

議已經超過三百萬種。

- 數位：內容目標不僅僅是提供功能性資訊，也要透過食譜和產品相關內容提供「靈感和個人化的探索」。
- 空間優化：克羅格將「運用顧客科學進行空間規劃決策，以顛覆貨架安排、優化產品組合並改善庫存」。
- 自有品牌：克羅格將「持續投資，培養最受歡迎的自有品牌」。從 2011 到 2017 年，自有品牌的銷售額上漲了 37%，達到兩百零五億美元。
- 智慧定價：公司將持續自 2001 年以來的投資（總投入金額已超過四十億美元），「以避免因為價格失去客戶」。[13]

除了自有品牌，上述的所有計畫都與資料、分析和 AI 密切相關。克羅格的第二個策略平臺，「拓展合作以創造客戶價值」也提到要拓展公司的物聯網感測器、影像分析和機器學習網路，並透過機器人技術和人工智慧的創新輔助，以完成客戶體驗的轉型。

應該注意的是,有鑑於前文有關生態系的討論,克羅格使用「生態系」一詞,來描述它與民生消費用品供應商之間的資料驅動關係。再強調一次,該公司所有(或大部分)的策略計畫,都必須仰賴 84.51° 的資料、分析和 AI 能力。宣布新策略的同一篇文章中,也花了很多篇幅描寫克羅格集團,甚至引用時任領導者史都華・艾特肯(Stuart Aitken)(現任零售與行銷長)說過的話:

> 同時,克羅格內部的分析與行銷公司 84.51° 公開了克羅格精準行銷(Kroger Precision Marketing),一種「跨通路的媒體解決方案」,能強化零售公司的個人化通訊計畫。
>
> 該公司的一篇新聞稿表示,此方案將利用克羅格六千萬戶消費家庭(橫跨三十五州、兩千八百個店面)的購買資料,以建立和執行「橫跨廣泛數位生態系的全面性活動」……「這個平臺支援克羅格再造計畫的兩個部分:『重新定義食品與雜貨的客戶體驗』,以及『拓展合作以創造客戶價值』」,84.51° 執行長史都華・艾特肯說道:「增進個人化

並創造額外的收益流是重點,我們會透過該平臺達成這兩個目標。」

資料和 AI 對一家公司的策略至關重要,從描述該策略的文章對提供這些能力(以及許多計畫)的單位著墨之深可見一斑。文章所描述的投資人大會中,「由資料與科學驅動商業模式」或許是當天最突出的報告主題,「透過資料觀看客戶」也得到了詳細的說明。[14]

2021 年,克羅格宣布新的策略——新鮮帶頭與數位加速(Leading with Fresh and Accelerating with Digital)。[15] 在對投資人的報告中,再度提到以客戶服務個人化作為「競爭護城河」,並宣布 2020 年每週提供的個人化建議高達一百一十億則,這在沒有 AI 幫助的情況下是不可能的任務。數位轉型方面,克羅格也宣布與英國廠商 Ocado 合作,設立首座機器客戶服務中心,他們預計共要開設二十座。Ocado 與世界上許多零售商合作,但克羅格在美國擁有獨家的合作關係,並對該公司進行少數股權投資。Ocado 表示他們採用各種 AI 計畫,包括:

- 每天執行兩千萬次需求預測,以減少缺貨品項和食物浪費。
- 預測食物何時該抵達配送中心,以達到最佳新鮮度。
- 找出接近到期日的食物,以進行折價或捐贈。
- 高度個人化的數位購買體驗。
- 運用 AI 管理倉庫機器人的「空中交通管制系統」。
- 包裝機器人的電腦視覺與規劃系統。
- 運輸車輛運載量與次數的優化。[16]

克羅格顯然仰賴 AI 執行其商業策略,有些策略沒有 AI 無法執行,而有些策略在運用 AI 後效果更好、成本更低,或者速度更快。雖然克羅格的主要目標是以 AI 改善現有的業務執行,但這間零售公司也運用科技和資料進入新的業務領域(例如克羅格精準行銷),並推動新的生態系。

策略類別 3:影響客戶行為

影響客戶行為是 AI 最新的策略目標之一,這個策略類別會受到關注,可能與 AI 對谷歌、臉書、TikTok 和其他社群媒體供應商,造成驚人的商業和行為影響有關。這些公司

在改變客戶購買、社交、消費資訊、分享資訊和其他行為方面獲得巨大成功，雖然有些改變在他們的預料之外。他們預料中的行為替公司帶來極大的財務收穫和高速成長。預料外的行為則有政治和社會極化、錯誤資訊流竄、注意力流失、網路霸凌、信心缺乏、憂鬱症等，吸引了許多觀察家的關注，包括立法人員。許多研究人員指出，這些公司使用的 AI 演算法，對其客戶的正面和負面行為有很大的影響。[17]

我們關注的並不是這些數位原生公司，也不是他們引發的正面或負面客戶行為。然而，其他類型的公司注意到數位平臺、詳盡的資料和 AI 演算法有辦法改變其他類型的行為。整體而言，這個策略仍處於早期階段，但傳統公司和新創公司都開始試圖運用 AI 改變客戶行為。

其實改變客戶行為並不是全新的商業策略，作為先驅，費埃哲公司（Fair, Isaac & Co，現名 FICO）早在 1958 年就創立了第一個信用評分系統，只是普及的速度很慢。到了 1975 年，第一套貸款機構行為評分系統才被開發，供富國銀行集團（Wells Fargo）使用。信用評分是機器學習最早的商業應用之一，系統能對貸款和償還資料進行統計分析，判

定與償還貸款相關的因素,並使用產出的模型為具備信用紀錄的消費者評分。

FICO 試圖監控並改善消費者的財務責任指標,包含按時支付帳單、不持有太多張信用卡、不要有太高的未繳金額等行為。FICO 不只成功計算出上億人的信用評分,還說服金融服務機構採取信用評分進行貸款決策,並將信用評分及改善方法告知客戶。

現在,除了機器學習產生的信用評分,還有各種其他類型的評分。前進保險（我們將在第六章提到該公司的 AI 活動）根據從 Snapshot 程式取得的車載資訊系統資料,計算駕駛評分（為消費者將評分轉換字母等級）。[18]FICO 現在也提供安全駕駛評分服務。本章稍早提到與安森合作的 Lark,同樣會計算各種健康狀況評分。第七章將提到的另一家新創公司 Well,建立了各式各樣的健康狀況評分,以及能評估病患遵守開立醫療措施情況的總評分。

宏利、其子公司約翰・漢考克保險（John Hancock）,以及全世界各式各樣的壽險公司,都利用機器學習監控並試圖改變顧客的健康行為,協助改善他們的健康。除了信用評分,上述策略都處於相對初期的階段,但具有改善相關行為

的潛力。由於仰賴大量資料，而且流程中必須為每位客戶評分，缺少機器學習就不可能實現這些策略。

策略性 AI 的流程

如果 AI 有能力催生新的策略、商業模式和客戶行為，公司不該以由下而上的方式管理這項技術。像 AI 這樣具有顛覆性、極為重要的資源，對組織而言具備定義上的策略性質，應該是高階經理人員和策略團隊關注的焦點，並思考如何應用在業務中。策略人員應該協助決定關於 AI 使用案例，以及對產品、流程和公司內部關係有影響的決策。

AI 與策略之間應存在兩種重大的關聯。第一種是本章所探討的重點：AI 如何影響或創造商業策略。如果 AI 有改善產品與服務、強化商業模式、達成客戶管道轉型、優化供應鏈，以及其他功效，公司就應該將 AI 納入策略考量。

第二種策略焦點是為 AI 本身發展策略。公司必須針對 AI 的使用和管理做出許多關鍵決策，包括如何建立或購買 AI 能力、在哪裡尋找關鍵人才、開啟哪些專案，以及 AI 計畫如何與數位平臺和流程產生關聯。這些決策一方面會形塑公司的策略，也會受到公司的策略影響，所以必須在策略的

層級討論才行。

德勤 2021 年的《企業 AI 現狀》調查指出，AI 領導者通常注重某些特定的策略層面。調查受訪者中，在 AI 之路最有進展的公司，比較容易同意以下事項：公司具備 AI 策略、使用 AI 的方式讓他們與競爭對手有區別、高層領導者所傳達的 AI 願景將會改變公司的營運方式，以及 AI 計畫對公司在未來五年內維持競爭力很重要（圖 3-1）。

要讓 AI 以適當的方式影響策略性決策，需要一些先決條件：

- 高階主管的 AI 教育至關重要。如果策略流程要納入 AI，參與策略規劃的高階主管，就必須熟悉各種 AI 技術和適用的使用案例。以 AI 為中心的策略，其實是企業計畫和 AI 能力的「媒合」過程，因此，參與者對兩者都必須有所了解。策略職能部門或者 AI 卓越中心也許會想辦理正式或非正式的教育計畫，以確保整個公司都廣泛接觸、參與商業策略中的 AI 相關層面。
- 在策略流程中，必須將 AI 和其他技術的賦能效應納

領先的 AI 策略實務

面對以下有關策略的陳述，受訪者選擇「完全同意」或「非常重要」的百分比

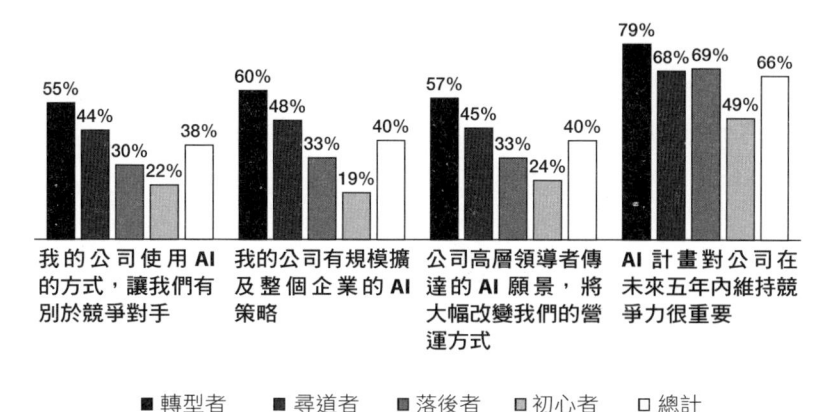

陳述	轉型者	尋道者	落後者	初心者	總計
我的公司使用 AI 的方式，讓我們有別於競爭對手	55%	44%	30%	22%	38%
我的公司有規模擴及整個企業的 AI 策略	60%	48%	33%	19%	40%
公司高層領導者傳達的 AI 願景，將大幅改變我們的營運方式	57%	45%	33%	24%	40%
AI 計畫對公司在未來五年內維持競爭力很重要	79%	68%	69%	49%	66%

資料來源：德勤洞見（Deloitte Insights），《2021 年企業 AI 現狀》，調查報告第四版，https://www2.deloitte.com/content/dam/insights/articles/US144384_CIR-State-of-AI-4th-edition/DI_CIR-State-of-AI-4th-edition.pdf。

圖 3-1

入替代策略的考量。要這麼做，可能會需要改變策略的規劃方法。舉例來說，可能會有公司問：「如果能運用機器學習更準確地預測客戶行為，我們的行銷計畫能達成什麼效果呢？我們如何利用對話代理人，達成客戶服務的轉型？」沒有包含 AI 能力的概念發想流程，就不可能有將 AI 融會貫通的策略計畫。

- 概念發想完成後，只有在公司內部實際部署系統，執行必須的 AI 任務時，才能將 AI 融入公司的產品和流程之中。在策略與 AI 開發／部署週期之間建立連結，是部署策略性 AI 系統的關鍵。策略人員必須調整 AI 專案的優先次序，並且必須具備監控 AI 專案進度的能力。

　　本章探討了 AI 與策略之間五種不同的連結——新的策略和市場、新產品和服務、新的商業模式和生態系、新的客戶行為，以及營運策略執行。

　　某些大型組織，像是平安、克羅格和安森，可能會同時執行三到四種不同的策略類別。但對 AI 驅動組織來說，重要的是 AI 能大幅改善組織的績效或成長，否則我們很難斷

定 AI 確實造成影響。此外，雖然 AI 和相關技術有改善組織的能力，但有時也會成為阻力。這是第四章將要討論的內容。

Chapter 4

技術與資料

你可能會發現，我們描述了 AI 導向公司的組織和領導層面，卻尚未提及任何技術層面的細節。AI 的人類層面最具鑑別度、最關鍵，也經常最具挑戰性。然而，唯有廣泛使用 AI 技術，公司才有辦法在 AI 領域取得成就，在那之前，公司必須擁有大量資料，否則幾乎什麼也做不了。所有我們認定全力投入 AI 的公司都是如此。在本章中，將會描述他們的技術環境。

單純為科技而採用科技，向來不是個好主意，但我們即將提到的 AI 加持組織，對自身的 AI 技術計畫有非常明確的商業目標。其中包括：

- 打造包羅萬象的 AI 工具包，以支援各式各樣的 AI 使用案例。
- 使用自動化機器學習等工具，加速建立應用，並提升其品質。
- 實現 AI 的大規模部署。
- 管理並改善用於模型訓練和其他目的的資料。
- 處理傳統應用和複雜的技術架構。
- 為 AI 建立或取得高效能運算基礎架構。

・以 AI 改善 IT 作業管理。

我們會用實際案例說明追逐每一項目標的 AI 導向公司，以及他們為了達成這些目標所採用的技術。

善用工具包中的所有工具

在 AI 領域競爭的公司明白 AI 技術形形色色，而且通常願意使用所有技術。不同的使用案例適用不同的技術，廣泛、深入採用 AI 的組織面臨的使用案例，以及應用的技術都相當多樣。舉例來說，星展銀行就在一百五十多種的 AI 專案中運用了各式各樣的技術。

防範金融犯罪是所有銀行的重要課題，星展投資進階分析與機器學習，以改善這方面的表現。規則式系統通常被視為過時，但在反詐騙和防洗錢系統中很常見，星展也為此目的使用規則式系統。但這類系統有一個缺點，就是會產生過多偽陽性結果。以星展來說，偽陽性結果高達 98％。於是，星展的交易監控部門開發了一個機器學習模型，能使用更多的銀行資料，並排定可疑案件清單的優先順序。每個案件都有一個風險評分，風險評分最低的案件會遭到閒置，模

型則持續監控風險模式是否出現變化。交易監控部門還發展出網路連結分析的能力,以圖形資料庫分析潛在詐騙者之間的關係、用機器學習偵測可疑的網路,並為使用開源技術的組織開發新的資料流平臺。

星展運用各種類型的機器學習,在信用決策中運用神經網路,在影像和語音辨識中使用深度學習模型,並在預測ATM的耗損和現金短缺時,使用傳統機器學習模型。在信用模型中使用深度學習演算法的作法,尚未獲得銀行監管機關的廣泛接受,但星展正與監管機關合作,試圖在銀行決策中藉助這類演算法的精確性。

星展所有的AI技術都需要基礎架構的支持,因此,星展投資了許多基礎架構。該公司進行資料架構轉型,並建立新的資料平臺ADA──利用AI提升星展銀行(Advancing DBS with AI)。這個平臺包括各種功能,像是資料導入、安全性、儲存、治理、視覺化,以及AI／分析模型管理,目的是在新AI模型的建立和維護上,盡可能提供自助服務。星展也將許多AI和分析系統搬遷到混合雲,以加快處理速度。

當然,不同的AI導向組織建立使用案例,並達成商業

目標所需的技術會不同,但大型公司不太可能只仰賴一種 AI 方法或技術。

用更短的時間建立更好的 AI 應用

如果你的組織已經擁抱 AI,把 AI 當成未來的關鍵,你可能會希望發展速度更快一些。說得明確一點,你希望能有更多的資料科學家,更快速地開發新的 AI 演算法。若是如此,你很幸運,因為現代科技能讓資料科學家(無論是專業或業餘)建立可以出色地執行機器學習,或根據過去資料預測未來的新模型。

如果你還不清楚我們在說什麼,這就是機器學習的功能。我們發現,監督學習是商業界最常見的機器學習類型,能利用訓練資料集中的大部分資料來訓練模型、以該資料集中剩餘的資料測試該模型,然後使用最後的模型成果,對不屬於訓練資料集,而且結果不明的其他資料進行預測或分類。好的模型預測通常十分準確,但開發和部署過程相當耗費勞力。要開發好的模型,通常需要特徵工程(feature engineering),也就是測試各種不同版本的功能或變數。詮釋不同的模型,並撰寫程式碼或 API(應用程式介面),以

將模型部署和整合到其他系統,這些都需要時間。非監督學習通常用於聚集不具結果變數的相似案例,在商業界較少見,但有熱度漸升的跡象。

然而,以上所有步驟,現在都可以透過 AutoML 完成,就連非監督學習也有 AutoML 版本。克羅格的子公司 84.51°,便是使用 AutoML 開發可在人力介入相對較少的情況下,部署大量模型的「機器學習機器」。84.51° 網站提供的數據,揭露了它為零售母公司和生態系夥伴所做出的資料科學突破,規模和範圍是多麼巨大:

- 超過一千五百家民生消費用品公司、代理商、發行商和業務合作夥伴
- 將近二分之一的美國家庭
- 2021 年提供十九億種個人化推薦
- 運用 35 PB(petabyte)的第一方購物者資料,以及超過二十億筆的年度交易
- 分析二十億種客戶購物組合

我們在第三章提到,克羅格的策略計畫有多麼仰賴這些

努力。84.51°資料科學工作的廣度和深度也顯示，採用最佳的 AI 技術、工具和方法對公司有多麼重要。

　　84.51°目前採取的機器學習方法，來自一項稱為嵌入式機器學習（embedded machine learning，EML）的計畫。其資料科學主管史考特・克勞佛（Scott Crawford）自 2015 年起主導這項計畫，現任集團總裁米倫・馬哈德文（Milen Mahadevan）大力支持組織內的流程與產品自動化。嵌入式機器學習及大量使用 AutoML，代表自動化流程從單一用途建模和分層，演變到以效率與改善準確度創造價值的合理進展。84.51°採用了 AutoML 工具和流程，但是在流程重新設計和機器學習文化的大脈絡下進行。

　　AutoML 為企業的機器學習能力，提供了各種潛在優勢。與許多組織不同的是，84.51°的機器學習並非建立在單一訓練資料集，以及據此資料集打造的模型之上的靜態流程。他們的模型經常根據新的資料進行重新訓練。舉例來說，推動商品訂購和存貨管理流程的銷售預測模型，每天晚上都會根據最新的資料演化、發展。保羅・賀爾曼（Paul Helman）曾擔任 84.51°的科學長，他的團隊發展出使用適應估測器（adaptive estimator）的方法，因為他們意識到，

有效率地為複雜且不斷變化的人類行為（例如購物偏好）建立模型非常重要。

　　EML 最終成為正式任務，目的不只是採用 AutoML，也包括更廣泛的賦能（enable）、賦權（empower）和接觸（engage），讓組織更擅長使用和嵌入機器學習。「賦能」指的是提供基礎架構（像是伺服器、軟體和資料連結性），以有效率地使用並嵌入機器學習。「賦權」包括辨認最佳機器學習工具和交易分析師組合，以及使用這些工具的資料科學家。評估了超過五十種工具後，84.51° 選擇了 R、Python 和 Julia 作為偏好的機器學習語言，以及 DataRobot（德勤的合作公司，湯瑪斯擔任其顧問）為其主要的 AutoML 軟體供應商。「接觸」代表藉由多次概念驗證演示和傳達工具的好處、促進程式碼分享／範例（管道為協助分享的程式碼資料庫 Github）及諮詢，來鼓勵內部客戶使用這些工具。

　　EML 計畫的另一部分，是為機器學習的使用發展一套標準方法。84.51° 內部開發的方法稱為「8PML」（84.51° Process for Machine Learning，84.51° 機器學習流程），在非供應商組織之間很不尋常。史考特・克勞佛表示，這套方法大幅參考多種公開的資料探勘流程，並經過調整，更適合

84.51° 獨有的使用案例和環境。這套方法分成三個部分：解決方案工程、模型開發及模型部署。

解決方案工程

蒐集完必要的訓練資料後，多數公司的機器學習計畫會聚焦在模型開發上，但 84.51° 把焦點放得更廣一些。該公司的領導層明白，無法部署的模型提供不了經濟價值，而且若思索分析問題的方式錯誤，結果可能弊大於利。於是，8PML 的第一個階段是解決方案工程，這個階段會賦予分析框架、釐清專案的商業目標，並與可取得的資源比較。舉例來說，專案的商業目標可能是取得大量可定期更新並快速部署的模型，卻沒有必要的預算和人員。在過去，解決方案工程需要重新思考問題，以符合資源限制，而自動化機器學習技術可以大幅降低資源限制。解決方案工程依然不可或缺，但是解決方案的範圍擴大了。

模型開發

在模型開發階段會分析資料、設計變數或特徵，並找出最符合訓練資料的模型。AutoML 利用 DataRobot 大幅加速

這個階段，提升資料科學家的生產力。這讓他們有更多時間加入更多模型，和／或在流程中其他高價值的層面上（例如解決方案工程、特徵工程等）花更多心力。這項技術也讓技術層級較低的從業人員有辦法產出高品質模型。了解哪些演算法適合哪種分析的深度知識不再是必備條件，因為自動化機器學習接手了這項工作。

由於將演算法和問題互相匹配，在過去是專業資料科學家的工作，所以他們經常會不信任 AutoML，或者覺得它無法建立有效的模型。84.51° 有些資深的資料科學家一開始很擔心，他們在演算法和方法上辛苦累積的深厚知識，在未來的世界將會失去價值。但公司領導層強調，新的工具能讓員工更有效率地完成工作。隨著時間過去，事實證明確實如此，現在，資深資料科學家很少或不會抗拒使用 DataRobot 的工具了。

84.51° 使用 AutoML，一開始的焦點是改善專業資料科學家的生產力，但是也藉由自動化工具擴展了可以使用和應用機器學習的人數。84.51° 一直在擴大資料科學職能部門，滿足快速擴張的建模和分析需求，以解決複雜商業難題。對任何公司來說，要找到訓練有素的資料科學家很難，因此，

84.51°使用AutoML讓沒有受過傳統資料科學訓練的人，有辦法建立機器學習模型。現在，84.51°會定期雇用「洞見專家」，他們不具備充足的機器學習經驗，但有溝通和呈現結果的良好技巧，以及高度的商業敏銳度。在AutoML的協助下，傳統模型開發的許多活動（例如使用案例辨別和探索式分析）都可以由這些洞見專家執行。而具備更多統計與機器學習經驗的資料科學家，則可以更專注在機器學習中需要深度專業知識的層面，並花更多時間為經驗較為不足的人提供訓練和諮詢。

模型部署

模型部署是84.51°機器學習方法的第三個，也是最後一個階段。在這個階段中，選定的模型會部署到生產系統和流程中。有鑑於克羅格機器學習應用的規模（例如，銷售預測應用會為兩千五百多家商店中的每一項商品，建立未來十四天的預測），這個階段相當關鍵。正如史考特·克勞佛指出的，有關部署（他的說法是「產品化」）的問題經常遭到低估：

到 84.51° 擔任促進機器學習應用的職位前，我過去的工作經驗包括為全國規模數一數二的保險公司及全世界規模數一數二的銀行，建立和部署模型。我所有的工作經驗都有一個共通點：產品化是機器學習專案中挑戰性最大的階段。產品部署的需求經常會嚴重限制可以使用的解決方案，舉例來說，產品化經常會要求以特定語言（如 C++、SQL、Java）交付程式碼，和／或符合嚴格的延遲閾值（latency threshold）。

自動化機器學習工具可以產生嵌入模型的程式碼或 API，藉此協助部署流程。舉例來說，84.51° 經常將 DataRobot 產出 Java 程式碼的功能，用於資料前處理和模型評分。

現在有許多公司正在以 AutoML 和相關工具進行實驗，但 84.51° 和克羅格的 AI 方法比他們都更進一步。嵌入式機器學習計畫、自動化機器學習工具標準化，以及三階段機器學習方法，都有助於打造機器學習機器。84.51° 能和管理得宜的製造業公司生產實體產品一樣，建構、開發並部署模

型。我們未來可能會看到更多公司對機器學習採取這種工廠式的作法,但 84.51°現在就付諸實行了。

擴大規模

對許多組織來說,AI 帶來的最大挑戰之一,是如何達到足以影響營運和績效的規模。技術能幫助公司實現這個目標,然而,就像我們先前提到的其他 AI 目標,完整的解決方案必須結合技術與其他變革,像是新的流程和更多群體的參與。

我們在 2021 年的調查,有多個問題與 AI 營運的規模相關。在 AI 領域取得較高成就的公司（轉型者與尋道者）,相較於成就較低的兩個群體（初心者與落後者）,更有可能（通常高出 25％）採取了多種不同的 AI 營運實務,有助於 AI 的擴展與持續管理。這些營運實務包括 AI 模型生命週期的詳細流程、使用機器學習營運（MLOps）管理生產模型並確保其持續有效、為管理 AI 而新建的團隊結構和工作流程,以及新的職位（包括產品經理、資料工程師和機器學習工程師）,以讓 AI 進展達到最大化（圖 4-1）。

領先的 AI 營運實務

面對以下有關營運的陳述，受訪者選擇「完全同意」的百分比

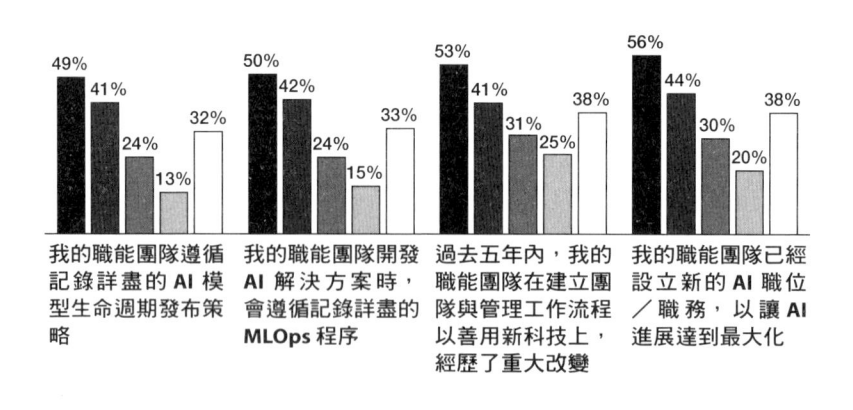

	我的職能團隊遵循記錄詳盡的 AI 模型生命週期發布策略	我的職能團隊開發 AI 解決方案時，會遵循記錄詳盡的 MLOps 程序	過去五年內，我的職能團隊在建立團隊與管理工作流程以善用新科技上，經歷了重大改變	我的職能團隊已經設立新的 AI 職位／職務，以讓 AI 進展達到最大化
轉型者	49%	50%	53%	56%
尋道者	41%	42%	41%	44%
落後者	24%	24%	31%	30%
初心者	13%	15%	25%	20%
總計	32%	33%	38%	38%

資料來源：德勤洞見，《2021 年企業 AI 現狀》，調查報告第四版，https://www2.deloitte.com/content/dam/insights/articles/US144384_CIR-State-of-AI-4th-edition/DI_CIR-State-of-AI-4th-edition.pdf。

圖 4-1

殼牌是需要擴大 AI 規模，而且快速達成目標的典範。殼牌運用 AI 追求許多不同的商業目標：更快速地增進對地下的了解、將新油田和既有油田的採收率最大化、提升現有資產營運的有效性和能源效率，以及為客戶提供低碳解決方案，例如優化電動車充電，以及將再生能源整合到電力系統當中。

維護流程尤其需要規模才能產生影響，因為殼牌所有的設施當中，有數十萬件設備需要維護。在殼牌帶領數位創新和運算科學的丹‧吉逢斯，必須應用各種技術和方法，才能在該領域獲得規模效益。其中一個方法是運用預測性維修，這種方法能預測設備的性能何時會下降或故障，而不是定期維護，或是等待設備故障才維護。殼牌的經理人員認為，預測性維修能讓設備更可靠、讓維護更有效率，並改善流程的安全性。

吉逢斯認為，預測性維護模型的 AI 需求（通常會對每個需要監控的元件，採用監督機器學習），超越了任何集中式資料科學家團隊的能力範圍。於是殼牌決定招募並訓練具備在工廠和設備使用 AI 技術的工程師，讓他們能長時間在自助服務的基礎上，開發、詮釋並維護預測性維護模型。

目前，殼牌 AI 社群光是外核就有超過五千人（2013 年內核僅有三十人），而且還在增加當中。許多人都是負責開發與監督預測性維護模型的工程師。殼牌與 Udacity 合作，開發 AI 方法和技術的線上訓練課程。來自壓縮機、儀器、幫浦和控制閥的資料會在中央資料平臺匯總，根據吉逢斯的說法，殼牌至今掌握了高達「一兆九千億列的資料」。殼牌和微軟合作，運用其雲端服務 Azure 處理這些資料，並儲存在 Databricks 的資料湖泊軟體 Delta Lake。

現在，工程師可以使用訂製的 AutoML 工具產生模型，而且他們受過訓練，有辦法驗證選取模型的有效性。他們也能在進入生產階段後持續維護模型，運用一種 MLOps 工具確保模型的預測準確，吉逢斯將該工具描述為「規模在全世界數一數二」的 MLOps 工業領域應用。我們在第三章提過殼牌與 C3.AI 和貝克休斯合作開發的生態系，這兩種工具都是該生態系的一部分。

每天都有上萬件設備獲得監控，其資料經由 AI 預測性維護模型評估，而且這些設備的數量每週都增加上百件。吉逢斯表示，參與的工程師通常很享受了解機器學習的過程，而且因為他們熟悉設備，所以有能力詮釋模型，並根據模型

行事。

　由於殼牌負責開發和維護模型的人員相當多樣,而且目標是在全公司分享資產,因此,在開發 AI 和系統時使用類似的流程就很重要。殼牌與微軟合作,提供開發工具和方法,納入 DevOps(用於整合開發、IT 作業、品質管理和網路安全的方法和工具集)、Azure Boards(用於跨團隊規劃、追蹤和討論開發工作的儀表板)、Azure Pipelines(用於自動化系統開發和部署的工具和流程),以及 Github。這些工具的普及,讓殼牌得以分享程式碼和演算法,並且快速、成功地部署。

　殼牌也在預測性維護以外的領域,運用了一些相同的方法:提升人員對 AI 的參與率、使用相同的流程,並與外部供應商合作。此外,他們也採用其他技術。以管線維護為例,殼牌在無人機上裝載相機,拍攝管線的照片,接著使用深度學習模型偵測潛在的維護問題。AI 影像識別的準確度與人類視察員相當,而且花費的時間少很多。殼牌的某些設施需要花整整六年,才能檢查完所有管線,但無人機和 AI 系統只需要幾天的時間,然後再由人類視察員(有時從遠端)確認深度學習影像識別模型所做的判斷,並按照優先順

序排列。在設施執行更進一步驗證所需的現場視察員人數更少。公司花了一些時間，才成功說服視察員相信無人機和 AI 的準確性，並採取新的流程。

殼牌也正在想辦法透過 AI 改變地下勘探的流程，他們發覺地下資料分散在許多不同的儲油塔，難以取得並進行分析，於是建立了一個地下資料空間。但殼牌的經理人員很快就發現，許多地下探勘的合作夥伴也需要這些資料。

於是，殼牌與商業合作夥伴打造了我們在第三章提到的方法——資料和演算法共享生態系。開放地下資料空間（Open Subsurface Data Universe，OSDU）生態系問世才短短幾年，規模已經相當龐大。成員包括超過一百六十家公司，其中有能源公司、技術廠商、顧問公司和學術研究公司。該生態系主要關注不同組織間的資料交流，但也是分享模型、應用、平臺和訓練素材的媒介。分享的資料包括地震、油井、儲油層和生產資料，而且每一種資料都有適用的標準。

由於境況不同，其他 AI 加持組織會以不同的方法擴張 AI 規模，而且並非所有方法都是以技術推動。例如，聯合利華面臨的最大挑戰，是將 AI 使用案例擴張到該公司營運的一百多個國家。在供應鏈、精準行銷、定價和促銷領域推

出新的進階分析與 AI 功能時，該公司會與各國家（至少是位於較大市場的國家）的領先者合作，調整模型並整合到當地的系統和流程中。

以印度為例，每十個家庭就有九個會向印度聯合利華購買商品，但許多消費者是從當地的小型食品雜貨店（全國有上百萬家）購買。傳統上，產品組合是由聯合利華送到商店的產品決定。現在，聯合利華的資料科學家開發出上千種模型，可以根據過去銷售、當地消費模式、商店周遭的生活水準，以及成長中的產品類別，甚至包括競爭對手的產品，來量身打造商店的產品組合。

這類模型和細節程度對印度很有效，但對於習慣在大型食品雜貨連鎖店（例如美國的克羅格）、會員制商店（美國的好市多和山姆會員店〔Sam's Club〕）、大型超市（法國的家樂福），或是便利商店（日本的 7-11）購物的國家來說，則需要大幅調整。聯合利華的資料、分析和 AI 主管安迪・西爾（Andy Hill）告訴我們：「對我們來說，擴張的重點不在模型開發，而是變革管理和全球部署。」

為訓練和其他目的管理資料

要在機器學習獲得成功，資料是先決條件，沒有大量優良的資料，模型就無法做出準確的預測。所有認真看待 AI 的組織都必須面對資料的問題，無論是建立或重新調整資料結構、將資料放上共同的平臺，並處理全公司資料品質、重複資料和資料孤島等惱人問題。對多數擴張 AI 系統的組織來說，資料的取得、清理和整合可說是最大的障礙。

我們已經討論過許多重要的資料計畫：第二章提到派許・古普塔參與了星展銀行的資料重新設計和「利用 AI 提升星展銀行」資料專案，以及本章稍早提及殼牌各式各樣的預測性維護資料。聯合利華的情況也相當類似，他們正在為分析和 AI 開發新的雲端資料平臺。與殼牌一樣，聯合利華採用了資料湖倉（lakehouse）的結構，結合存放非結構化資料的資料湖泊，以及某些用於商業智慧應用的傳統關聯式資料。這是公司資料「唯一的真實來源」，讓聯合利華得以輕鬆擴展資料庫，並應付沉重的分析與 AI 工作。

AI 導向公司的資料環境有幾種特色：

- 大多建立在雲端上。雲端存取容易,具備擴展更多運算能力的靈活性,並提供多種 AI 應用軟體工具。某些積極採用 AI 的公司(像是第一資本)宣稱,將資料移至雲端後,他們花費在資料儲存與基礎架構管理上的時間減少,對 AI 的關注和能力因而顯著成長。若組織出於某些原因,需要在地的運算和儲存能力(例如因為安全、延遲和監管目的),也有相同的 AI 技術可以使用。
- 使用的資料可以由機器讀取。儘管需要提取、分類和準備的程序,但是資料需要結構化(通常是數字組成的行列,或者至少是分類過的文字欄位),才有辦法被 AI 讀取。重要資料需要從傳真、手寫筆記、錄音、影像和影片中擷取出來,公司才有辦法透過資料取得更深入的洞見。
- 包含內部和外部資料。公司會分析地理空間、社群媒體、天氣、影像和其他類型的外部資料,並與自己內部的交易資料進行比對。內部資料能以傳統的行列格式儲存並分析,而外部資料則以當初建立的任何形式儲存。但是,就算是非結構化資料類型,最終也需要

轉化為數字的行列，才能進行分析。

- **集中管理**。多數我們採訪過的 AI 優先公司都試圖擺脫過去眾多的資料孤島，轉向單一資料平臺，來容納分析或 AI 使用的所有資料。某些組織轉向資料網格（data mesh）或資料經緯（data fabric）環境，整合來自組織中多個來源的資料，但該趨勢還處於初期階段。

- **焦點不同**。出於 AI 和分析目的，目前各公司著重的是資料供應鏈較後端、涉及消費的步驟，而非過去強調的資料擷取、蒐集和儲存。[1] 有很多公司還強調要建立供內部或客戶使用的資料產品，將資料和分析或 AI 模型結合為一種服務。

- **使用新的系統**。因為 AI 而需要資料的公司也逐漸發現，他們需要 AI 協助處理資料。舉例來說，他們會使用概率性匹配機器學習系統，將有關同一個產品、客戶或供應商在不同資料庫的資料結合起來。在資料準備方面，AI 系統也提供了一些幫助，能指出資料品質問題，並提出解決方法。AI 系統還可以建立自動化資料目錄，幫助使用者找到需要的資料。德勤顧

問股份有限公司的資料長胡安・特羅（Juan Tello）也指出，AI能協助組織遵守歐洲《一般資料保護規則》（GDPR）和加州消費者隱私保護法（CCPA）等法規。AI能協助判定可能的隱私權違規事件，並在某些情況下解決問題。[2]

- **正在新增團隊成員。** 儘管有AI的協助，管理資料仍需要大量的勞力。因此，有許多公司正將資料工程師納入AI團隊。他們的職責是建立高品質、高容量的資料環境，可在其中訓練AI模型，並應用在生產資料之上。執行這些工作，讓資料科學家得以更專注在演算法開發與特徵工程上，並提升系統部署的速度。

無庸置疑，資料平臺將會是獲取AI成功最重要的先決條件之一。但我們描述的方法正在興起，或許能提升AI資料管理的效率和效果。

如何處理傳統應用與架構的負擔

一個相當重要但較不令人興奮的AI技術問題，是如何處理傳統的交易應用和既有的複雜技術架構。若要完全部署

具備預測或建議能力,或是促進使用者與電腦系統互動的 AI 系統,就必須與交易系統整合。許多公司的傳統系統老舊又破碎,讓整合成為一大挑戰。在許多案例中,公司必須將這些系統現代化,才能將 AI 能力整合到其中。

大型傳統組織還有具備複雜技術堆疊的複雜 AI 架構,而整個組織內部有大量 AI 活動,同時缺乏來自中央強力協調的公司尤其如此。這類公司產出的 AI 技術常會出現功能重疊的情況。就連領導者也無從得知組織中的所有人使用哪種技術,更別說要統一管理了。這種處境的公司經常會使用多種雲端系統、多種 AI 開發工具,以及許多同盟關係,使整個組織變得笨重,無法達到最大效益。他們必須管控公司內混雜的架構,並隨著時間慢慢簡化。

醫療保險公司安森的案例值得一提,部分原因在於它能說明這項工作有多困難。我們從幾年前就開始針對這個議題為安森進行研究和諮商。當時的安森資訊長湯姆・米勒(Tom Miller),在 2017 年德勤的一場研討會發表演說,當時德勤與安森密切合作,並協助安森成為 AI 優先公司。米勒描述了安森管理傳統系統的方法。

他說,索賠引擎是安森交易架構的核心(現在依然如

此），每年可以處理超過十億件索賠事宜。2017 年，安森將索賠引擎現代化，使多個系統（許多是經由收購取得）結合到單一平臺，以及關鍵服務模組化（註冊、收費、定價等），並把 AI 功能整合到核心系統和流程中。他們的目標是將機器學習洞見、客戶介面對話式 AI 和機器人流程自動化等認知能力納入系統。公司甚至為了這個目標，成立認知能力辦公室。

安森持續現代化，將索賠處理整合成一個核心系統，轉型至具備 API 的雲端平臺。這個雲端平臺將能推動系統之間的互用性，強化提升效率的能力，並透過 AI 節省成本。這些變革早已展開，但組織對架構採取的手段有些許變化。拉傑夫・羅南奇（Rajeev Ronanki）曾是我們在德勤的同事，他在 2018 年上任安森的數位長，目前是平臺業務的總裁。他表示安森有許多 AI 功能將透過 API 提供，而不是寫進交易系統的程式中。技術環境的變化將納入一連串的三年計畫當中。

安森下一個三年計畫具有相當宏大的技術目標，自動化會是主要的焦點，目標是將公司 50％的工作任務自動化。下一個計畫的目標還包括將 90％的利益關係人互動數位

化、AI化。

　　我們認為安森的三年計畫是將傳統架構轉換為 AI 架構的好方法,任何長期累積技術負債的傳統公司,沒有立即重新建立一切的本錢。就算做得到,因為 AI 的變化相當快速,新的技術架構完成時,可能就過時了。重點是設定明確目標,在多年變革計畫的每一步中都展現明確的價值。

AI、數位和 AIOps

　　根據德勤的年度 AI 活動調查,近年來最熱門的 AI 應用之一,是資訊科技(IT)本身。AI 和自動化能力可以預測並診斷網路和伺服器的問題,而自動化程式可以修正問題。這類 AI 使用案例看起來可能有點面向內部,但其實已成為許多組織的重要能力。如果你的企業仰賴 IT 和數位能力,就必須掌握所有可用的工具,確保可以取得這些資源。

　　使用 AI 協助 IT 作業的方法被稱為 IT 自主化(IT autonomics),近年來更多人使用 AIOps 這個術語。AIOps 會運用軟體和 IT 裝置資料辨識問題領域,並將 IT 作業的某些層面自動化。隨著各公司的數位化程度日漸提升,這項科技雖然尚未取代人類 IT 操作員,但已將這類工作的成長限

制在合理的水準。

空中巴士就是擁抱 AIOps 的其中一家 AI 導向公司，他們擁有的數十萬 IT 裝置，對生產飛機和其他產品的重要性日漸提升。如果關鍵的 IT 設備故障，或是沒有隨即可用的備用品，生產就有可能中斷。該公司使用 AI 預測及預防 IT 設備運行中斷，並減少修復所需的時間。空中巴士也會運用 AIOps 監測資訊是否送達我們在第三章提到的 Skywise 開放資料平臺。

空中巴士與軟體公司 Splunk 合作，以監控生產流程中的許多機器，以及其網路安全環境。在十八個月內，空中巴士開發出一個全球資料融合平臺，一天可以監控來自二十萬件資料生成資產、高達 20 TB 的資料。這套監控系統有超過一百二十種應用，其中許多都具備機器學習能力。它們能評估許多問題，像是 IT 資產營運是否達到最佳水準、出現錯誤時有哪些備用零件，以及出現內部或外部資料外洩，或者內部安全威脅的可能性。任何公司在沒有 AI 幫助的情況下，都不可能追蹤並成功管理如此多的資料和應用。

空中巴士並不是特例。顯然，高度數位化的公司應該確保其端到端 IT 和數位基礎架構隨時可用，或者盡可能隨時

可用。AI 驅動公司也由數位的力量推動，他們需要 AIOps，才能讓數位的燃料繼續流動。

打造高效能的運算環境

　　AI 技術不只是軟體而已，打算從事大量 AI 開發的公司必須建立適合的硬體環境。這種環境常被稱為**高效能運算環境**（high-performance computing，HPC），通常包含可快速執行多項數值運算的系統。最常見的情況是，深度學習 AI 模型會運用可在雲端或在地配置使用的圖形處理器（graphics processing unit，GPU）。圖形處理器原本是為了電腦遊戲而開發，特別適合處理影像、影片和自然語言。公司也需要大量儲存空間，以存放訓練機器學習模型所需的龐大資料，並且可能需要低延遲架構即時對模型評分。其他類型的 AI 方法則需要更強大版本的常規處理器。

　　舉例來說，德勤與輝達合作成立了德勤 AI 運算中心，由輝達提供搭載 GPU 的 DGX A100 系統，該中心可以驗證新的使用案例、與客戶共同創新，並使用進階 AI 基礎架構開發並銷售新產品與服務，藉以達到成長。

AI 技術的變化速度

AI 技術的變化速度有可能是資訊科技領域中最快的。有上千名研究人員正在探索新的模型和 AI 方法，也有上千家知名的廠商正試圖將它們變成產品。單一廠商（特別是新創公司）會隨著時間興起、衰敗，任何組織都不該妄想打造能延續十年的 AI 技術環境。在 AI 領域，隨時監控外部服務，以及它們與內部需求匹配與否相當關鍵。

我們認為所有大型組織（尤其是 AI 優先公司，或是盼望成為 AI 優先公司者）都應該指派聰明的人員 AI 跟隨技術趨勢，嘗試新的技術，並在符合組織需求時導入這些技術。這些人不必是優秀的資料科學家或 AI 工程師，但需要了解 AI 的關鍵技術，以及它們如何支援使用案例和業務需求。

最後，本章在討論各公司用以推進 AI 發展的技術時，毫無例外地都提到了他們採取的其他組織變革，也就是我們一再提及的人員、流程和技術，在此，可以再加上策略和商業模式變化。AI 技術蘊藏強大力量，但如果業務、組織和文化沒有跟著變化，力量再大也是徒然。

Chapter 5

能力

凡是大型的商業變革，無論類型為何，管理層都常用一句陳腔濫調形容：「X 是一場旅程」，而 AI 引起的企業轉型也不例外。沒有公司能立即廣泛、深入地導入 AI。轉型需要實驗、長期發展能力、走走停停、犯錯與挫折，以及組織內任何大型變革都有的各種特徵。重點是，公司如何在長期建立起可持續發展的 AI 能力。

本章會描述這些能力，以及它們如何被建立。我們將描述某些公司的旅程：他們是如何達成渴望的 AI 型態，以及一些提升 AI 能力的通用原則。還會介紹一些捷徑，提供有興趣的組織參考。此外，我們也會提及某些組織在執行 AI 計畫時不小心落入的陷阱，讓你可以避開它們。本章最後會討論合乎道德、可信賴的 AI 能力，以及實行方式。

◌ 通往 AI 加持的通常道路

全力投入 AI 的公司少之又少，根據我們的估計，符合我們對「全力投入 AI 公司」定義的大型組織不到 1%。然而，幾乎所有業務都具有能力成熟度模型，我們將會探討與 AI 相關的類似方法。AI 成熟度的增進取決於各種因素，其中包括：

- 在整個企業中，AI 使用案例的應用廣度
- 採用不同 AI 技術的廣度
- 高層領導者的參與程度
- 資料在企業決策中扮演的角色
- 可取得 AI 資源的範圍——資料、人員、技術
- 生產部署的範圍（相對於 AI 試驗或實驗）
- 與企業策略或企業模式轉型的連結
- 確保 AI 使用道德性的政策和流程

能力成熟度模型通常有五個等級，我們認為沒有必要偏離該標準。通常第一級代表能力較低落，第五級代表能力高超，我們也採取此一模式。這裡再度列出第一章提及的能力等級。

- **AI 加持（等級五）**。具備以上提到的所有或大多數元素，而且完全實施並能正常運作，其業務建立在 AI 能力之上，正在成為學習機器。
- **轉型者（等級四）**。尚未達到 AI 加持的程度，但跟其他公司相較，走得比較前面，已經具備某些 AI 加

持公司的特質;部署了數個 AI 系統,能為組織創造大量價值。
- **尋道者(等級三)**。已經展開旅程並取得進展,但處於早期階段。部署了一些系統,並獲得些許可衡量的正面成果。
- **初心者(等級二)**。正在以 AI 進行實驗,具備計畫,但需要做更多才有辦法前進;部署到生產階段的系統很少,甚至完全沒有。
- **落後者(等級一)**。已開始進行 AI 實驗,但還沒有任何生產部署,僅獲得極少的經濟價值,甚至完全沒有。

我們還可以加入「第零級」,來描述完全沒有 AI 活動的公司,但這種公司在複雜經濟體的大型企業間絕對是少數。這個模型與其他成熟度模型的主要區別在於,我們提供了三種 AI 使用的主要類別,無論一間公司的焦點為何,都可能處於各種等級。

而且,我們談到 AI 加持企業時,指的幾乎全都是等級五的組織。這些公司如同我們所舉的例子,皆已部署形形色

色的 AI 技術和使用案例，並具備專門技術平臺加以支援。努力創造新事物的公司，進行的實驗可能比尋求營運改善的公司更多。然而，這些組織的目標都是將 AI 系統導入生產部署，並實際利用 AI 執行業務——他們通常能辦到。新的業務流程得到採用，新的產品與服務進入市場，獲得客戶的使用。高階經理人員積極參與使用案例的辨認和績效監督。這些組織成立了資料科學團隊，將數位基礎架構現代化，並尋找大量的資料，供訓練與測試模型之用。

或許最重要的是（正如我們在第三章中討論到），採用 AI 其實有許多不同的方式，而且能力模型也會因為策略不同有些許差異。稍早提到，我們認為三種主要類別可以總結為：（一）創造新的業務、產品或服務，（二）營運轉型，以及（三）影響客戶行為。根據我們的調查研究，營運改善是最常見的 AI 目標，但顯然，某些公司使用 AI 的目的，不只是想要改善現有策略、營運和商業模式的效率。他們還會利用 AI 發展新的策略、大幅翻新業務流程設計，並與客戶和合作夥伴建立新的關係。這些公司會依據是否成功開發新的策略、商業模式或產品，來評估自身能力。關心營運的 AI 目標會考量營運是否出現大幅改善，而目標若是客戶行

為的話，則會著重實際促成客戶行為變化的幅度。當然，這種程度的業務轉型，需要高階管理層在策略考量方面積極地投入和參與，第五級組織通常都具備此特色。

平安：開發新商業模式，晉升第五級企業

很難找到比平安更投入 AI 加持業務的企業了，這家中國公司創立於 1988 年，原本是以保險公司起家。我們在第一章提過，平安快速成長為一個整合式金融服務平臺，透過其橫跨金融服務、醫療服務、汽車服務和智慧程式服務的生活生態系，提供保險、銀行與投資的產品及服務。平安使用 AI 建立新的商業模式、策略、生態系和流程。二十世紀末和二十一世紀初，隨著中國經濟歷經大規模成長、消費者愈來愈富裕，平安的策略大獲成功。正如第三章討論過，沒有人能否認 AI 成為在公司層級推動業務轉型的工具，而且已經獲得成功。當然，平安也使用 AI 改善各種業務現有營運狀況，但主要焦點還是放在開創 AI 能派上用場的情境及商業機會。

平安的高階管理層顯然對 AI 非常投入，其創辦人兼董事長馬明哲與資料科學團隊互動密切，且大力推動 AI 及相

關技術最新發展。每當他想到在公司中應用 AI 的新方法，就會找適合的團隊來實現想法。馬明哲的熱忱燃燒了十年以上，首先是針對資料，接著是大數據，現在則是 AI。2013 年，他延攬陳心穎擔任營運與資訊長。陳心穎先前任職於管理顧問公司麥肯錫，並擁有麻省理工學院雙學位。現在，她已經成為聯席執行長，主導平安的 AI 計畫。

平安還打造了一個巨大的資料科學組織。截至 2021 年 6 月，公司內共有四千五百多名資料科學家和 AI 專家，以及超過十一萬名的科學和技術專家。平安集團首席科學家及實質的 AI 主管肖京，是卡內基美隆大學（Carnegie Mellon University）的電腦科學與機器人學博士。公司內許多資料科學家先前都在學術界工作，該公司會按專案將 AI 專家指派到特定業務部門的計畫。肖京告訴我們，因為掌握龐大資料量（部分由其生態系結構產生），以及應用這些資料的許多使用案例，讓平安很容易招募到資料科學人才。他也告訴 AI 專家們，不要只是開發模型，還必須負責將模型部署到業務當中。

平安的 AI 使用案例清單很長，有些是外界能清楚看到的。平安的「好醫生」平臺為公司建立了新的醫療業務，利

用 AI 系統輔助人類醫師進行症狀檢查和分診，已經服務超過四億名訂戶。在智慧城市業務單位，智慧疾病預測系統能在中國數座大型城市的社區中，監控並預測流感和糖尿病等疾病。平安的「好車主」應用程式使用 AI 和其他數位工具，最快只需要兩分鐘，就能透過智慧型手機的相片解決車禍索賠。同一款應用程式的其他功能，可以在數秒內為客戶產生推薦保單。為金融服務機構提供的「金融壹帳通」，具有強大的 AI 風險管理能力。除此之外，整個平安還有其他許多類似的 AI 應用。

平安開發了多種不同的 AI 平臺，處理這些使用者情境案例。舉例來說，「平安腦」整合了深度學習、資料探勘、生物辨識和其他技術，為產業鏈事件分析、語音辨識、推薦引擎和機器人部署等情境的使用案例提供支援。疾病預測等智慧城市應用則由 PADIA 平臺推動，該平臺能根據資料進行決策，整合各式各樣的 AI 演算法，包括機器學習和自然語言處理。

就組織結構而言，平安大部分的 AI 工作都來自分公司平安科技，它位於深圳，但實驗室遍布中國數座城市和海外，包括新加坡。平安科技創立於 2008 年，其研究專案贏

得無數獎項，而且開發的專利數量於 2019 年在世界排名第八。現在，多數平安科技的研究專案都與 AI 有某種程度的關聯。

平安使用資料和情境式 AI 推動業務轉型，從三十多年前的保險公司搖身一變，成為首屈一指的整合式金融服務和醫療服務供應商。其他保險公司（或是其他產業）沒道理不能效仿平安的典範。平安已經從 1980 年代末期的小蝦米變成跨國大企業，收益超過一千九百一十億美元，在 2021 年的《財星》世界五百強名單排名第十六，並在全球金融企業中排名第二。

豐業銀行：營運轉型起步慢，卻快速趕上競爭對手

有些組織和讀者可能會覺得：取得 AI 能力就像軍備競賽，公司一旦落後，就永遠無法追上。總部設立於加拿大的五大銀行之一 —— 豐業銀行（正式名稱為 Bank of Nova Scotia），證明了這個想法是錯誤的，該行採取結果導向的 AI 策略，在過去兩年來不斷擴充 AI 能力。雖然有些競爭者更早建立或取得 AI 能力，但豐業銀行首先聚焦大規模的數

位轉型,為其資料和分析能力奠定基礎。這種作法可能拖累了豐業銀行進入高端分析與 AI 的腳步,卻也得以在各種業務中回應客戶需求時,採取高度實際、資料驅動的方式。

透過更緊密地整合資料和分析工作、對 AI 採取務實的態度,並著重可重複使用的資料集,豐業銀行補足了在某些 AI 關鍵領域的落後,有助於提升執行速度和投資報酬率。

2019 年中,執行長布萊恩・波特(Brian Porter)察覺到正確分析的重要性,決定成立新的團隊,專事客戶洞見、資料與分析(Customer Insights, Data, and Analytics,CID&A),以改善分析正確性。波特任命菲爾・湯瑪斯(Phil Thomas)擔任 CID&A 的執行副總裁,銀行的分析長和資料長都必須向他報告。還增設了專門的資訊長,以輔助這個職能部門。

這個整合的報告架構,讓豐業銀行得以快速蒐集並管理必要的資料,建立分析和 AI 能力。有位經理人員說:「我們的動機、領導層和人員全都配合得天衣無縫,沒有任何摩擦或阻礙。」

話雖如此,豐業銀行的經理人員明白,成功必須仰賴這些元素與商業目標的直接配合。舉例來說,雖然分析和 AI 職能部門位處中心,大多數的資料科學家直接對應的是各式

各樣的業務產線。因此，要開發哪些分析和 AI 使用案例，必須由業務領導者與專門的分析與資料團隊密切合作，然後加以決定。2021 年 10 月才卸任分析長的葛蕾絲・李（Grace Lee）說過，「數位化讓整個銀行能以資料的形式被看見，分析和 AI 人才不只是助力，我們是形成新前線的一部分。」（葛蕾絲接任了 CID&A 主管的職位，湯瑪斯則升任風險長，職責包括監督 CID&A）。

對湯瑪斯、葛蕾絲和他們的同仁來說，在銀行內部改善關鍵流程並做出更好的決策是最佳作法。為了達到這個目標，他們選擇對 AI 採取結果導向的態度——湯瑪斯稱之為「藍領 AI」。他們不把焦點放在研究或實驗，而是放在哪些專案比較有可能在短時間內為業務提供價值。他們沒有所謂的「明星專案」，只有能持續改善銀行營運和客戶關係的專案。因此，大多數的 AI 專案都會部署到生產階段，根據葛蕾絲的說法，其中 80％的分析和 AI 模型已部署，20％則待部署。

豐業銀行的經理人員了解，大幅更動商業模式或是產品與服務較難實行，而且可能無法累積成功所需的動能。雖然 CID&A 團隊會撥出一些資源，探索可能推動新商業模式和

產品的新技術（不限於 AI，也包括區塊鏈和量子運算），但主要把重心放在改善現有的營運和客戶體驗。

豐業銀行的 AI 策略以客戶為焦點，許多關鍵使用案例也著重在改善客戶體驗。在 Covid-19 疫情期間，他們決定為最需要幫助的客戶，尋找如何度過疫情的財務建議（先是個人客戶，後來擴及小型企業）。團隊開發出運用機器學習的應用，利用存款和支出水準等交易資料，辨別可能有現金流問題的消費者。這麼一來，銀行就能找出最需要支援和建議的客戶。CID&A 與該行的加拿大零售銀行業務部門合作，透過分行關係經理利用這些主動聯絡的機會，根據目標名單與客戶聯絡，並提供個人化的建議和支援。

豐業銀行還引進了 AI 推動的行銷和接觸引擎，以支援積極的客戶互動。該引擎會分析銀行所知的客戶人生大事（新房貸、新生兒、子女上大學），以及客戶對特定管道（分行、行動裝置、線上、聯絡中心或電子郵件）的偏好，以客戶偏好的管道提供個人化的相關建議。

豐業銀行的 AI 焦點雖然圍繞著客戶，但是仍然不乏其他領域的使用案例。該行從下述作法獲得可觀的報酬：將國際銀行和市場部門後勤辦公室的工作自動化、改善第一線的

安全性,以及減少聯絡中心回應時搜尋資訊的時間(每次通話減少一分鐘以上)。

豐業銀行的資料管理職能部門(主管為資料長彼得・賽倫尼塔〔Peter Serenita〕)也做出變動,目標是更快速地為分析與 AI 使用案例提供資料,因為沒有資料,這些模式就沒有實現的可能性。在 2019 年 CID&A 重組前,該行的資料策略主要聚焦在防守,以保護銀行為重心,強調監管合規、財政報告和風險管理。

在新增客戶洞見和快速價值兌現這兩項焦點後,資料職能部門發展出新的資料交付方法,稱為可重複利用權威資料集(reusable authoritative data set,RAD)。藉此辨別可重複利用的資料集中的客戶、交易、結餘等資料,加快速度、提升一致性並增加價值。雖然資料專案通常很難繳出漂亮的投資報酬率,賽倫尼塔表示,這個方法已在豐業銀行普及。

豐業銀行的經驗證明,即使在 AI 方面起步較慢的組織,只要致力投資並利用 AI 技術的價值,也能追趕上、甚至超越起步較早的競爭對手。該行採取的藍領 AI 策略能確保 AI 計畫為業務提供價值,並且大部分的 AI 計畫都能部署到生產階段。其 AI 策略顯然聚焦於改善現有的營運流程,

並協助拉近與客戶的距離。當然,該行的目標明確也讓這些目標更可能達成。

⋯ 保險業應用資料與 AI,影響客戶行為

我們始終認為,公司使用 AI 最不常見的目標,是改變客戶的行為。正如我們討論過,社群媒體公司在這個目標取得良好進展,但在其他領域就沒那麼進步。而且社群媒體能造成正面的行為改變(例如建立群體感),也能產生負面的行為改變(例如社會對立),如今已廣為人知。

保險業的目標只有促成正向的行為改變,並且愈來愈不希望只是在客戶遭遇壞事時付錢給他們,還想幫助客戶防止壞事發生。當然,這些公司想要獲利,同時也想幫助客戶維持健康和安全。

我們發現在保險業的不同市場區段中,至少有三間公司正在使用 AI 試圖改變客戶的行為。這些公司目前都處於實踐該目標的初期階段,而且他們也希望能利用 AI 改善營運狀況。其中有些公司與新創公司合作,協助建立起這些能力,其他公司則是自行開發必要的能力。

在這條路上走得最遠的公司,或許是前進保險,該公司

一直都是使用資料和分析進行客戶導向決策的先驅。前進保險是業界第一家根據信用評分為保險定價的公司，後來也首創根據駕駛行為來定價的作法。我們在第四章提過的大型美國醫療公司安森，以及加拿大的大型保險公司宏利（業務範圍擴及美國和亞洲），都提供人壽與健康保險、年金保險和其他金融服務。

前進保險：鼓勵良好的駕駛行為

全球汽車保險業逐漸認定，實際的駕駛習慣是決定客戶保費金額多寡的最佳指標。這種作法稱為**使用率保險**（usage-based insurance，UBI），透過感測器衡量駕駛開車的方式與時間，調降安全駕駛的保險費，若駕駛顯現出危險行為，則提高其保險費。前進早在 2008 年就推出這項創新計畫──現稱為 Snapshot。

截至目前為止，前進已經蒐集 Snapshot 客戶超過一百四十億英里的駕駛資料。Snapshot 使用機器學習模型，將駕駛行為轉換為向個別客戶收取的費率。近來該公司也採用了自動化機器學習，提升資料科學家分析資料和費率的效率與效果。

Snapshot 監控的因素會隨著美國州份而有所不同，但前進（透過手機，或是安裝在車上、可以無線傳輸資料的裝置）蒐集的駕駛資料包括：

- **過度加速或減速**。Snapshot 會透過加速度感測器監控過猛的加速、煞車或急轉彎。
- **開車的時間點**。Snapshot 會監控客戶開車的時間點，並對在半夜和清晨六點之間，或是尖峰時刻開車上路的駕駛收取較高的保費。
- **駕駛距離**。Snapshot 會對里程數較少的駕駛收取較低的保費（但每年至少必須駕駛四千英里）。
- **使用手機**。如果駕駛的手機有安裝 Snapshot 應用程式，Snapshot 就能判斷駕駛是否在開車時打電話或傳訊息，若有這些情況，便會收取較高的保費。
- **違反車速限制**。Snapshot 會記錄駕駛超過或低於速度限制（手機程式有 GPS 功能時），並為遵守速限的駕駛提供較低的保費。

　　Snapshot 不只是透過折價（最高七折）影響行為，也會

設定駕駛安全等級（A 級能獲得最多的折扣，B 級獲得較少的折扣，C 級以下則無折扣），而且偵測到危險行為時，安裝在車上的裝置會發出警示音，並在旅程中提供網頁版駕駛報告，以及在智慧型手機上透過機器學習生成駕駛提醒。根據前進的說法，所有使用 Snapshot 的駕駛一共省下了十億美元的保險費用。未來，或許還能計算出該公司協助避免的車禍件數。

安森：鼓勵新的健康習慣

安森在 2020 年宣布計畫成為一個健康數位平臺，協助其醫療方案上百萬的會員，找到能改善他們整體健康的服務。安森的數位平臺總裁拉傑夫・羅南奇告訴我們，其目標是從「照顧病患」轉型成「照顧健康」：「與其在人們生病後再治療，我們更想讓他們保持健康。」據他所述，該公司正在嘗試媒合個別會員、員工和醫療服務供應商，以建立個人化醫療並鼓勵健康行為，將醫療照護的焦點從被動反應轉移到主動預防。

2020 年度的「安森年報」引用了羅南奇的話：

當今全球最有價值的十間公司中，有七間是成功將供需數位化的平臺企業。安森打造了業界規模最大的平臺，整合我們海量的資料資產、專有 AI，以及機器學習演算法。藉由這個平臺，我們能將知識數位化，為消費者、客戶、供應商夥伴和社會建立更靈活、無縫的體驗。

這份年報還寫道：

平臺的影響已經浮現：我們將照護交付數位化，從此不再需要取得昂貴的實體照護交付基礎設施。我們有能力預測需求，並在正確的時機為人們找到適合的照護——讓數位、虛擬和實體照護無縫接軌。我們能持續運用 AI 和機器學習判別個人的健康需求，藉以優化供需，這麼一來，將有辦法改善整個社群的整體健康狀況。[1]

截至 2021 年，安森為會員開發了一款曾獲獎的應用程式，配置了一系列 AI 強化的工具和服務，目的是簡化照護

搜尋過程，並為個人量身打造照護體驗。其中一項工具包含利用會員提供的健康資訊、人口資料和偏好，為會員與合適供應商進行媒合的功能。安森也利用 AI 辨別需要複雜醫療程序的會員，並引導他們前往低成本、高品質的院所和服務，提升照護易得性，並降低會員的成本。

安森想將健康的掌控權歸還給會員，以及他們所屬的社群手上。該公司明白，健康的範疇不只限於醫療診所，還擴及每個人所處的環境，會員每天的行為和選擇都是決定他們能不能活得更好、更久的關鍵。人的健康與否，與他們所處的社群有很大的關係，因此，安森更進一步與 Sharecare 等類似公司合作，試圖影響整體健康。安森與 Sharecare 共同開發 AI，對 Sharecare（數位醫療公司）的社群幸福感指數（Community Well-Being Index）進行地理分析，以判斷全國各個社群的幸福感，並且尋找改善的機會。在個人方面，Sharecare 的 AI 會透過認證課程量身打造生活方式和習慣的改變建議，並且能針對發現的不良趨勢，進行個人化的接觸和介入。當然，目的是讓更多人能因此受惠，透過 AI 整合和共享資訊，以促進社群健康。為了達成這種健康轉型，醫療研究人員也能自行蒐集並訓練健康資料，製作能即時對社

群產生正面影響的 AI 模型。

安森明白，雖然會員體驗和社群接觸是醫療的關鍵，但要造成更深度的影響，就必須強化整個醫療生態系的能力。對供應商來說，安森有許多 AI 能力都得仰賴供應商平臺和照護管理系統。AI 驅動的洞見已整合到臨床工作流程當中，讓供應商用來建立全面、零死角的患者分析。這樣的分析會採用他們的醫療紀錄，以及像是健康感測器和遠端病患監測等的健康資料。安森的 AI 工具能協助臨床醫師從大量資料中，總結出應該對患者採取的醫療干預措施，並排定優先順序，進而透過更主動、更個人化的照護，提供及時干預，並獲得更好的醫療結果。

除了提升會員和供應商的能力，安森也發展出辨識照護缺口的方法，尤其是影響聯邦醫療保險（Medicare）和聯邦醫療補助（Medicaid）會員的缺口。這些 AI 和分析工具透過對聯邦醫療保險優勢計畫與 D 部分處方藥計畫品質評分進行根本原因分析，來改善風險和質量管理，實現下一個最佳行動臨床介入設計，並對會員提供個人化外展服務，確保洞見能轉化為行動。

安森正在打造的全面性人工智慧解決方案，能影響每位

會員的健康旅程，以及端到端的醫療體驗。利用 AI 將照護選項個人化、簡化照護管理，並確保在正確的情境和時間交付正確的照護。到了 2021 年中，已經有超過一百萬名安森會員使用過數位禮賓服務，這是一套集中式的工具，可以為患有慢性或複雜疾病（如癌症）的會員媒合到整個照護團隊。安森還為雇主團體會員提供「完全健康，完全的您」（Total Health, Total You）方案，幫助會員建立並實施個人化的健康改善計畫，包括禮賓客戶服務。有了 AI 的支援，客服互動得以建立在透過主動語音或聊天室通訊，為消費者提供相關資訊的預測模型之上。行為改變的目標是鼓勵會員改善自己的健康。

安森與 Hydrogen Health 合作，打造了一款症狀檢查應用程式，讓會員可以將正在經歷的症狀輸入其中。應用程式會告訴使用者，其他有類似症狀的人的診斷結果。接著，還會提供讓使用者了解更多資訊的選項，包括傳送文字訊息或打電話給醫師，或者自主治療。目前已有數千名會員使用這款應用程式，安森估計 2025 年使用者將達到五百萬人。

我們在第三章討論過，安森與 Lark 合作，透過 AI 監控並試圖改善會員的健康狀況。他們多次嘗試使用資料、AI，

以及相對自動化的介入措施,來教導消費者何謂健康行為,並大規模培養這些行為,這是其中之一。

安森具備發展卓越 AI 的所有必備能力,並且多年來強力聚焦這項技術。該公司具備人力、領導層支持、投資和其他資源,得以推動營運改善和影響會員行為的新計畫。當然,要改變多達四千三百萬會員的行為是艱鉅的挑戰,未來的一段時間內,安森將利用 AI 和其他計畫應對這項挑戰。

宏利:行為保險

加拿大保險巨頭宏利(業務範圍擴及美國和亞洲)正在嚴肅看待一個想法:保險公司不該只是在客戶死亡、遭遇健康問題,或在家中或車上出意外時支付理賠而已。其目標是幫助客戶過更安全、健康及更好的生活。該公司擁抱行為保險的概念,也就是利用行為經濟學的原理,促使客戶行為產生正向的改變。我們在第三章討論過,宏利嘗試運用 AI 和其他方法促使客戶行為產生正向的改變。

宏利是英國保險公司 Vitality 的國際合作夥伴之一(平安也是),Vitality 專精鼓勵改變行為以促進健康:處理的不健康行為包括運動不足、不健康的飲食習慣、抽菸,以及過

度飲酒。這些行為會提高四種非傳染性疾病（呼吸道疾病、癌症、糖尿病和心血管疾病）的患病機率，世界衛生組織指出，全世界60%的早逝人口都是這四種疾病所造成。

透過與Vitality合作，宏利讓會員能將活動記錄器和其他資料上傳到公司，藉此獲得維持健康的獎賞（包括智慧型手錶折扣、較低的保費及旅遊折扣）。會員還可以用折扣價購買合作零售商店的健康食品。該公司利用AI向會員發出個人化提醒，以鼓勵或獎賞特定的行為。在全世界使用Vitality的客戶中，最活躍的會員死亡率比平均值低了60%，罹患嚴重疾病的機率也減少20到30%。

雖然證據顯示這些個人化行為介入措施有用，但平心而論，靠AI影響行為的作法仍處於早期階段。我們還不了解鼓勵和影響個人行為的最佳作法、哪些獎賞的組合最有效，以及任何行為改變能夠持續多久。但是這些努力值得敬佩，而且必須處理的資料、要做的預測、要開的處方太多，沒有AI的幫助，絕對不可能達成。如我們所知，社群媒體成功改變了行為（無論方向是好是壞），同樣的策略在信用評分也獲得成功，那麼保險業為什麼不行呢？

必須指出的是，雖然不同的策略類別需要的能力也有所

不同,但本章提到的每一家公司使用 AI 的目的都不只一個。平安使用 AI 不只是為了建立新的生態系和商業模式,也為了辨別並管理風險,以及提升營運效率。此外,也進行影響客戶行為的實驗。前進不只將 AI 用於提供 Snapshot 的使用率保險,還有以其熱門電視廣告為原型開發的客服聊天機器人。而且這些組織幾乎都以後勤辦公室作業自動化為目標。

同時必須記得,雖然這些傳統公司在各自的業界開創新局,他們都不乏新創公司的競爭對手。舉例來說,安森和前進的競爭對手,包括美國保險業的新創公司 Oscar 和 Lemonade。在中國,平安在每一個生態系都面臨新創公司的競爭對手。本章描述的公司正在打造強大的 AI 實力,雖然不能保證他們長久存續,但至少提升了可能性。

發展合乎道德的 AI 能力

發展 AI 能力的關鍵層面之一,是確保 AI 系統值得信任且合乎道德。原則上,這個層面廣泛獲得各界的同意,但實際執行的難度比紙上談兵要高出許多。只有少數組織具備必要的架構和程序,而且大部分都是科技公司,但就連這些公

司也會遭遇 AI 的道德難題。

AI 廠商的政策與角色

　　要打造負責任的 AI 方案,首先必須制定政策和責任職位,以監督 AI 的道德層面。到目前為止,已經走到這一步的公司大多是 AI 產品和服務的廠商,也就是科技或服務廠商。谷歌、臉書、微軟、賽富時(Salesforce)、IBM、Sony 和 DataRobot 都屬於該範疇。多數主掌 AI 道德的主管,都把焦點放在向內部(與自身產品和服務相關)或外部(顧客)講述 AI 道德的重要性。[2] 有些公司已經發展出明確的方法,可以改善或追蹤道德議題,例如由谷歌開發(應用於賽富時和其他公司),能記錄資料來源和演算法意圖的模型卡(model card)。[3] 臉書開發的公平流(Fairness Flow)工具,可以評估其機器學習模型中,有沒有潛在的演算法偏差。[4]

　　然而,某些公司的 AI 道德團隊變化無常、不太穩定,谷歌尤其如此——開除了兩名 AI 道德研究人員,因為他們批評公司的某些技術,而且據傳團隊剩餘的員工對團隊未來的走向也不太有把握。[5] 臉書的 AI 道德同樣遭受過公開質疑,其中一名資料科學家還告發公司,但臉書依舊設有負責

任 AI 團隊。

在這些爭議和波折之下,有些公司限制了某些 AI 能力的開發和行銷,至少有部分原因是來自內部道德團隊或審查委員會的反彈。路透社的一份報導舉了幾個例子:自去年年初起,谷歌就封殺了新的 AI 情緒分析功能,因為害怕會冒犯某些文化族群,微軟限制了能模仿人聲的軟體,而 IBM 則是拒絕客戶開發進階人臉辨識系統的要求。[6]

上述案例顯示,這些廠商的道德審查流程並不是完全沒有功效。

政策內容

許多這類組織及為數較少的非科技組織,都已經發布道德或負責任 AI 政策聲明。這類政策的主題和方向有相當高的一致性。由德勤發展的可信賴 AI 架構(Trustworthy AI Framework),目的是幫助客戶發展自己的政策,可以作為這類政策架構的典範。該架構由六個要點組成:

・公平、公正。評估 AI 系統是否包含協助所有參與者都能公平應用的內外部檢查機制。

- **透明、可解釋**。協助參與者了解自身資料可能的使用方式,以及 AI 如何進行決策。演算法、屬性和相關性都可供公開檢驗。
- **負責任、可咎責**。制定可以明確決定 AI 系統決策責任歸屬的組織架構與政策。
- **安全、有保障**。保護 AI 系統不受潛在風險(包括網路風險)帶來的實體或數位傷害。
- **尊重隱私**。尊重資料隱私,避免利用 AI 將客戶資料用於預期和已陳述用途之外的目的。允許客戶選擇是否要分享資料。
- **穩定、可靠**。確認 AI 系統有向人類和其他系統學習的能力,並維持穩定可靠的產出。

監管合規和 AI 治理也是這個架構的核心(圖 5-1)。

然而,非供應商公司(甚至包括某些 AI 優先公司)中,目前已制定出 AI 道德職位、政策架構和合規流程的公司相對較少;平安是其中之一,制定了 AI 道德治理政策。平安的政策強調人類的自主性,以及相較於 AI,更應該以人為本。該公司成立了 AI 道德委員會、監督委員會,並採

圖 5-1

取專案管理的方式,評估 AI 應用是否遵守政策。[7]

企業同盟與 AI 道德

某些公司選擇不獨自面對 AI 道德議題(或不只是獨自面對),而是加入由許多公司組成,專門研究和發展 AI 道德政策的同盟。因為各組織的許多 AI 道德主題類似,組成同盟可以透過制定回應關鍵議題的政策、簡報或會議的範本,幫助公司快速發展道德計畫。儘管大多數的同盟都採取會員制,許多研究和政策文件還是會開放給非會員使用。

處理 AI 道德議題的同盟組織非常多樣,世界經濟論壇(World Economic Forum,因為每年在瑞士達沃斯舉行論壇而聞名)是發展最早的同盟之一,過去幾年,討論過 AI 道德議題的許多層面。其研究專案包括「生成式 AI:為兒童訂定人工智慧標準」、「負責任的人臉辨識技術限制」,以及「以人類為中心的人力資源人工智慧技術」。世界經濟論壇也會分享成員發展出來的 AI 道德準則。

AI 合作夥伴關係(The Partnership on AI)成立於 2016 年,由 AI 和其他技術的廠商(包括亞馬遜、谷歌、臉書、IBM 和 Sony)、學術機構、非盈利組織,以及相對少數的非

科技公司組成。該同盟的使命是「聚集世界各產業、學科和族群不同的聲音,讓 AI 發展能為人們和社會帶來正面的影響。」[8] 其員工和關係組織撰寫多篇研究和政策文件,探討 AI 的不同層面,包括演算法偏差、AI 開發者的多樣性、文件在機器學習道德中扮演的角色,以及錯誤資訊。

EqualAI 是近期成立的同盟,特別專注在「開發和使用人工智慧時,減少無意識的偏差」,其開發的工具包括一份辨別 AI 偏差的檢查清單。[9] 此外,EqualAI 以尋找監管和立法解決方案為目標。

資料暨信任聯盟(Data and Trust Alliance)成立於 2020 年,會員大部分都是非科技業雇主。該同盟由執行長組成、以負責任資料實務為重心,德勤是創始成員之一。目標是「發展新的實務與工具,以推廣負責任的資料、演算法和 AI 使用方式」;最早投入的研究專案則是「演算法安全:減少勞動力決策中的偏差」。

我們認為與這類同盟合作,能加快確立道德 AI 政策和管理架構的速度,但是要根據各組織的條件調整這些政策和架構,以及組織中大部分的實施作業和持續治理都需要投入專門資源。我們預期,隨著 AI 對非科技組織業務的重要性

日增,未來會有更多的非科技組織需要發展合乎道德的 AI 使用方法。當然,AI 對本書提及的任何公司都佔據關鍵地位,這些公司應該已經訂有與 AI 道德相關的政策、治理和領導角色。

自動化與負責任 AI

先前我們討論過一個新興趨勢:以自動化機器學習建立模型,並運用 MLOps 自動評估機器學習是否預測失準(浮動),以及是否需要重新訓練。但是,現在這些工具的許多廠商也能自動檢驗模型,生成檢驗模型可靠性的多種層面之模型洞見。最早採用這些方法的公司之一,是英國的 Chatterbox Labs,這家公司提供自動化洞見功能,能評估使用的模型和資料的可解釋性、公平性、隱私性和安全性漏洞。德勤的 AI 研究院,便對客戶使用了 Chatterbox Labs 的工具。其他的 AutoML 和 MLOps 廠商(例如 DataRobot 和 H2O),也具備模型偏差和公平性評估能力,此外,開源工具箱 FairML 同樣能產生類似的模型洞見。

聯合利華實行的道德政策

　　當然，擬定道德政策聲明比起實際施行還要簡單。多數已經制定這類政策的公司，同時也必須仔細思索管理與執行政策的最佳方法。聯合利華就是其中之一，該公司在 2022 年實行了一套 AI 保證政策。擬定政策相對容易，最終的政策聲明提及了常見的議題，像是透明度、演算法偏差、公平等。另一個期望達成的目標是成效，因此該公司把焦點放在「保證」，而非只是道德或負責任的 AI 使用。聯合利華的全球資料科學主管、帶領保證政策實行的吉爾斯・帕維（Giles Pavey）說道：「要達成我們的業務目標，我們必須靠更少的資源完成更多的事。AI 是這趟旅程中最重要的工具，但我們得以負責任的方式使用 AI。我們需要 AI 的保證機制，才能在負責任的前提下，發揮最大的可能性。」

　　進行中的 AI 保證實施流程更複雜，部分原因在於聯合利華是高度國際化的公司，位在每個國家的業務部門握有一定的自主權，而且其 IT 應用來自許多外部供應商。聯合利華對 AI 的應用，有可能在內部自行建立、委託 IT 廠商建立，或是包含在從合作夥伴獲取的服務當中。舉例來說，該公司的廣告代理商經常使用程式化的購買軟體，利用 AI 來

決定應該在網站和行動頁面刊登哪些數位廣告。

聯合利華 AI 保證合規流程的基本構想，是檢驗每一項新的 AI 應用，判定使用案例內含的風險高低。舉例來說，預測現金流的應用不太可能牽涉任何公平或偏差風險，但可能會有成效上的問題，以及與可解釋性相關的風險。聯合利華有定義明確的資訊安全方法，其目標是運用類似的方法，確保 AI 應用在部署到生產階段前都通過核准。

規劃新的 AI 解決方案時，聯合利華的員工或供應商在著手進行開發前，會先提報大致的使用案例和方法。再由內部進行審查，如果是複雜的使用案例，則交由外部專家評估。接著通知專案提案人潛在的道德與成效風險，以及可以考量的緩解措施。AI 應用開發完成後，聯合利華（或是外部單位）會進行統計測試，確定是否有偏差或公平性問題存在，然後可能會檢驗 AI 應用達成目標的成效。而根據系統應用到公司的哪一個部分，可能還必須遵守當地的法規。如果判定系統帶有風險，就會提出建議的緩解方法。以人力資源部門使用的全自動履歷檢查系統為例，審查結果可能會判定這套系統需要人類的參與，才能做出是否進行面試的最終決定。如果存在無法緩解的嚴重風險，AI 保證流程就會駁

回,理由是聯合利華的價值觀禁止使用這項 AI 應用。由聯合利華法律、人資和 AI 部門的代表所組成的高階執行委員,握有關於 AI 使用案例的最終決定權。

以聯合利華在百貨公司專櫃販售的化妝品品牌為例,了解該流程的實際運作情形。這類專櫃對於銷售人員的外貌有一定的要求,例如上班時要使用該品牌的化妝品,或是規定臉部毛髮的長度。聯合利華希望建立一套系統,讓銷售人員傳送自拍照來記錄出勤狀況,藉此證明他們確實有上班。該專案的另一個延伸目的,是利用系統中的電腦視覺 AI,判定銷售人員的儀容是否符合規定。在這個案例中,AI 保證流程協助專案團隊將思考範疇延伸到該方法必須遵守的法規、合法性和成效,也讓他們思索這種完全自動化系統的潛在影響。舉例來說,我們應該允許這類系統(即便被證實準確性極高)自動懲處未遵守規定的銷售人員嗎?經過這個流程後,公司明白顯然必須指派人員檢查被標記為不合格的照片,並處理任何可能因此發生的狀況。

聯合利華研究負責任 AI 使用的另一個例子,就是利用人臉辨識進出工廠的應用。在這方面,必須考量的問題包括:確保系統經得起考驗,無論員工外表如何改變都有辦法

辨識，以及安全儲存人臉座標（facial coordinates）的資料庫。此外，還必須設置失效安全系統，讓員工有辦法在 AI 無法確認其身分時順利進出工廠。

我們可以從這些案例清楚看到，任何有 AI 道德政策或往這個方向前進的組織必須處理許多難題。AI 的功能之一，就是根據對象（客戶或員工）採用打交道的方式，對不同類型的人採取不同的作法。但差別待遇與偏差和不公平往往只有一線之隔。無論是有關道德與負責任 AI 的法規與監管環境，還是公司預測該趨勢或被動應對而提出的政策，在未來幾年內，都有可能經歷頻繁、大幅度的變化。像聯合利華這樣投入 AI 的公司，在理解和應用負責任的 AI 使用時，也必須學會擁抱變化。

Chapter 6

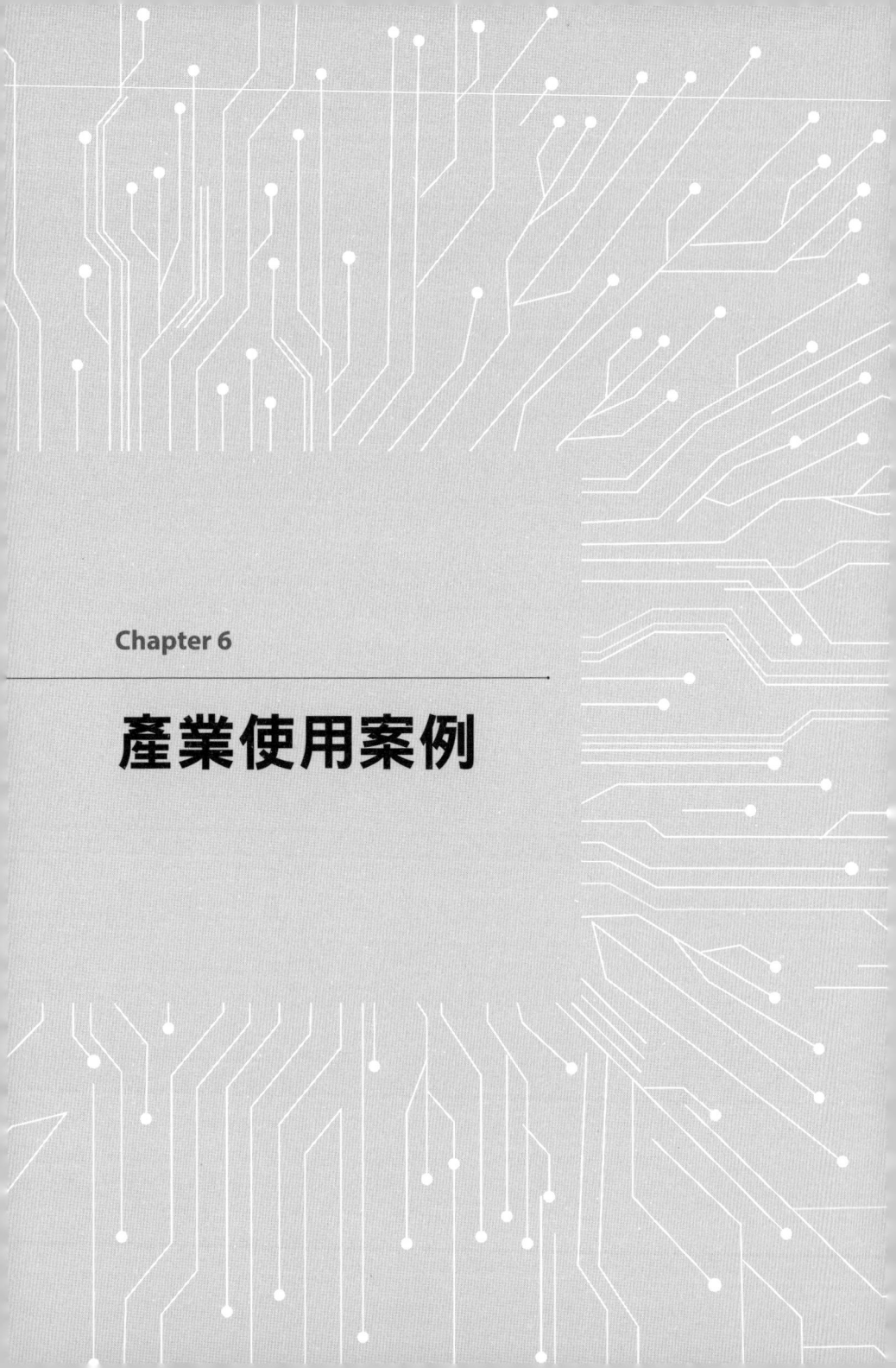

產業使用案例

我們已經討論過 AI 領導者的 AI 策略類別，以及他們為了實現目標培養的能力。本章將更細緻地描述 AI 領導者的作法。我們會按照產業進行說明，並深入探討 AI 加持公司採用的具體使用案例，如何讓他們在業界拔得頭籌。使用案例（也稱為 AI 應用）是描述公司 AI 應用方式的最基本單位。本章大部分的使用案例資訊都改寫自《AI 卷宗》（AI Dossier）──由德勤 AI 專家整理出的一份文件，由下往上地描述 AI 領導能力，並按照使用案例和產業來說明。[1]

　　選擇使用案例並進行優先排序，是任何公司 AI 策略的核心。AI 驅動組織會選擇能讓他們與競爭對手產生區別（至少維持一陣子）、推展商業策略或模式，並符合其業務流程設計的使用案例。你可以把本章視為 AI 應用的商品目錄。本章並未涵蓋所有產業的使用案例（有些使用案例可以應用到多種產業），但這是我們到目前為止看過最完整的清單。

　　我們即將描述的某些使用案例已經成為業界中的重要籌碼，有些存在了一陣子，只是型態較不精確，靠資料推動的程度較低。我們也會描述每個產業正在興起的使用案例，或是適用情境相對侷限的使用案例。整體來說，我們的目標是描述靠 AI 獲取真正成功的條件，並詳述各產業中的 AI 導向

組織所採用的某些 AI 使用案例。

◯ 消費性產業

消費性產業包括消費品製造業、零售業、汽車產業、住宿業、餐飲業、旅遊業和交通產業。這些產業都以服務消費者為目的（但有些是透過零售業者等中介機構服務消費者，例如製造業），並且需要鉅細靡遺地了解消費者的偏好與感受。這些產業在物流、產品／服務開發，以及客戶接觸上都面臨複雜的挑戰，而 AI 可以協助應對這些挑戰。

這類產業經常採用的使用案例包括（並附上我們對其在 AI 相關業務中應用的評論）：

- **車隊網路優化**。AI（以及其他形式的分析，例如營運研究）可以用來優化路線、消除或減少空車回程，並將流經配送中心的運輸量最大化。當然，遇到 Covid-19 疫情這種突如其來的狀況，就算是 AI 也難以將供應鏈最佳化，但可以向機警的公司提出預警。
- **更高度的個人化**。想從事高度細緻的個人化，AI 是不可或缺的工具──不只是「買了這項商品的人還買

了⋯⋯」這種協同過濾（collaborative filtering）功能，而是根據過去的客戶行為，利用機器學習預測什麼樣的人會購買商品、對廣告或優惠有反應。個人化也愈來愈常將客戶的位置、社群媒體貼文和運動／健康行為納入考量；當然，都要事前取得客戶的同意。

- **產品組合優化**。AI 和機器學習位處現代商品組合優化的核心。這類模型能確保架上有適當的產品，以及避免缺貨。當然，這在 Covid-19 疫情期間很難達成，但多數熟練的 AI 使用者都想辦法做到了。

- **供需規劃**。舉例來說，AI 導向的零售商幾乎是每分每秒都在為供需做準備。本書討論過的克羅格，每天晚上都為每個店面的每一個存貨單位（SKU）做需求規劃。假如供需維持正常模式，機器學習會是出色的規劃工具。

- **客戶接觸自動化**。領先企業還會使用聊天機器人或智慧型代理，來管理客戶互動。以星展銀行為例，該行持續改善聊天機器人，讓客戶不需要打電話到客服中心。零售業方面則應用了至少十二種不同的使用案例，其中囊括了產品搜尋到蒐集客戶回饋。[2]

消費性產業中較為新興或侷限的使用案例包括：

- **無人商店**。亞馬遜以 Amazon Go 無人商店聞名（在全食超市〔Whole Foods〕中也有設點），儘管補貨和清潔依然仰賴人力。[3] 韓國也有半無人商店，emart24 與現代不尋常商店（Hyundai Uncommon Store）是其中兩個例子。
- **自動駕駛**。如同我們在第三章討論過的，全自駕車的發明比預期還要費時，但全自動駕駛在某些設有「地理圍欄」的地區已經實現，自動安全裝置也非常盛行，連相對便宜的車款也配有此類裝置。
- **時尚科技**。愈來愈多時尚零售業者提供利用 AI 的虛擬試衣間，並透過 AI 提供客戶可能會喜歡的造型建議。Stitch Fix 以線上造型新創公司起家，將來自 AI 和個人造型師的建議結合，如今已頗具規模。
- **個人健康、運動與心理健康**。第五章討論保險公司時，描述過這些健康行為建議，但主要由智慧型手錶和手機等消費性裝置推動。它們可以提供個人化提醒，改善使用者的健康行為。

・**服務體驗現代化**。AI 推動的個人化產品與服務、建議、優惠、網站和行動應用程式，改變的購物與消費者服務與日俱增。

AI 在沃爾瑪供應鏈中扮演的角色

到目前為止，本書還沒有討論到沃爾瑪，但沃爾瑪可能是非數位原生的消費性企業與零售業者中，最會使用 AI 的公司。他們為實體商店補貨的供應鏈相當知名，而且正在電子商務銷售和配送方面取得長足的進展。沃爾瑪內部有上百名資料科學家負責供應鏈與預測／需求管理，並與具備這些能力的供應商密切合作。他們利用一套相當複雜的旅行推銷員（traveling salesman）演算法，進行貨車與運輸車隊的路線優化，並使用圖形處理器運行禁忌搜索（tabu search）模型，以優化供應鏈流程。沃爾瑪也會在客戶於線上訂購或選擇無法取得的產品時，使用 AI 模型判斷次佳選項。

沃爾瑪在倉儲自動化的起步可能相對較晚（很多倉庫都是在 1960 和 1970 年代設立），但正在快速拓展這個領域的能力。沃爾瑪宣布將斥資一百四十億美元重新設計配送中心，並應用 AI 和機器人等新科技。該公司正在與前亞馬遜

機器人公司（Amazon Robotics）經理創立的機器人製造商 Symbotic 合作，以改善其倉儲自動化。同時，使用機器人將大小不一的箱子裝進（由機器人設計的）立方體空間裡，方便配送到店面，甚至與福特的 Argo AI 部門合作，在美國三座城市進行試驗，以自駕運輸車輛配送網購商品。沃爾瑪也在店內實驗，使用機器人偵測缺貨或擺錯位置的商品，以及清潔地板。

現在，沃爾瑪的配送和運輸服務不僅限於內部使用。它打造了 GoLocal 服務，以供其他想提供當日或隔天配達服務的零售商使用，家得寶（Home Depot）是這項服務最早的合作夥伴之一。除了零售本業，沃爾瑪正在成為與 UPS 和聯邦快遞一樣重要的運輸服務供應商。

能源、資源和工業產業

能源、資源和工業產業中，有許多握有大批資本預算的大公司，但這些公司因為各種原因，對 AI 的接受度尚淺，至少現在是如此。這些組織大多是企業對企業的供應商，有時候，他們掌握的客戶資料不足，無法應用大量的機器學習模型。許多工業組織都會利用 AI 應用，但可能難以大規模

整合到機械或工廠當中。儘管有這些阻礙,領先公司還是靠著某些 AI 使用案例,取得了長足的進展。

這些產業較常見的使用案例包括:

- **預測性資產維護**。這是工業公司最早採用的 AI 使用案例之一,至今依然是最普及的使用案例:透過感測器偵測故障的初期徵兆,或是可能引發故障的狀況,來預測維護需求。像殼牌這樣的 AI 驅動公司,大規模採取預測性資產維護——監控上萬件機械零件,以偵測任何故障的跡象,而且數量還在增加中。
- **運用於生產與規劃的邊緣 AI**。愈來愈多公司在自家網路的邊緣設置感測器,並使用 AI 分析這些資料。感測器能偵測或測量流量、溫度、環境中的化學物質、聲音或影像。殼牌使用自動無人機,透過影像辨識監控管線狀況——結合了邊緣 AI 和預測性維護的應用。還使用建立在機器學習之上的計算流體力學規劃風力發電廠,並在建成後優化產能。丹麥能源公司沃旭能源(Ørsted)也大量使用資料和 AI,優化其一千五百多座風力發電機的能源產量。[4]

- **現場感測器資料分析**。能源產業是最常使用現場感測器的產業，石油和天然氣探勘都會大量使用現場感測器。舉例來說，鑽頭中的感測器能監控熱能和震動，還能預測即將到來的破裂，並透過深度學習模型檢驗手機拍攝的鑽頭影像，以評估磨損狀況及地底土壤的成分。風車中的感測器則可以提供資料給 AI 系統，以優化葉片角度和轉速。
- **現場勞動力與安全性**。可以利用 AI 來改善危險的工作環境。舉例來說，南加州愛迪生公司（Southern California Edison）使用預測模型，為每一次現場維護或安裝專案的安全風險可能性進行評分，接著，現場團隊會討論如何降低得分較高的專案風險。此一模型已經整合到該公司的工單系統當中。
- **公用事業服務中斷預測**。電力公司可以利用機器學習模型，生成電網資產和服務範圍內電路的中斷風險評分，以達成減少客戶停電分鐘數的目標。他們評估的風險包括火災、天氣、動物干擾和植被。南加州愛迪生公司預測的主要焦點是野火，該公司對無人機拍攝的影像進行辨識分析，並使用範圍更大的機器學習模

型預測火災的風險,在火災發生前先行關閉電路。

這些產業中較為新興或侷限的使用案例包括:

- **材料資訊學**。大學和業界的研究人員開始使用 AI,尋找新的化學物質與化合物結合方式,以製造高效能素材。
- **演算法供應鏈規劃**。供應鏈優化通常是根據既有的供需趨勢加以延續,但現在 AI 開始能用來預測潛在的供應鏈中斷,包括疫情、政治動盪和運輸瓶頸。
- **數位分身工廠**。數位分身是機械,甚至是整個工廠的虛擬複製品,可以仰賴資料持續更新。AI 可以偵測異常現象,並解決機械故障的情況。這是預測性資產維護更完整與詳細的作法。
- **虛擬廠房營運助理**。廠房的一般員工和主管通常會在各樓層間來去,以照料機器,但很快地,有許多工作即將被能進行自動調整的 AI 系統取代。擴增實境裝置(本身也使用 AI),將會與機器學習應用協同運作。空中巴士在中國的合資公司——哈爾濱哈飛空

客,已經使用 AI 軟體從事這項使用案例。

希捷:透過 AI 提升品質

高科技製造公司「希捷科技」,是全世界最大的硬碟製造商,握有來自工廠的大量感測器資料。過去五年來,該公司廣泛利用這些資料,確保其製造流程的品質和效率,並持續改善。

希捷進行製造的分析有許多重點,其中之一是將矽晶圓(製造硬碟磁頭的材料)及矽晶圓製造工具的目視檢測自動化。矽晶圓在製造過程中,會以各種工具拍攝許多顯微影像,這些影像對於偵測矽晶圓的瑕疵,以及監控工具的健全程度至關重要。希捷在明尼蘇達州的工廠利用這些影像提供的資料,建立起自動化的瑕疵偵測與分類系統,這套系統能直接透過影像,偵測矽晶圓瑕疵並進行分類。其他影像分類模型能偵測工具中失焦的電子顯微鏡,確保所有瑕疵確實存在,不是影像失焦造成的。[5]

這些自動偵測分類模型,建立在深度學習影像識別演算法之上,在 2017 年底首度部署。在那之後,希捷美國和北愛爾蘭矽晶圓工廠的影像分析規模和實力大幅成長,在檢測

人力和預防報廢上節省了上百萬美元。希捷使用這些系統減少檢測所需的人力，目的不只是讓釋放出來的人力從事其他類型的工作，還有增進整個製造流程的效率。不過短短幾年，目視檢測的準確性就從 50% 增加至超過 90%。

希捷還和 Google Cloud（也是其重要客戶，使用的硬碟數量達百萬個）合作，預測硬碟故障時間，以避免大型資料中心的硬碟出現故障。他們設計出的模型相當成功，讓工程師偵測硬碟故障的時間寬裕了許多。這不只減少成本，也能在影響終端使用者之前，及早避免問題發生。[6]

金融服務業

金融服務業（包括銀行、保險、投資管理與交易）是最積極使用 AI 的產業，這個產業含有大量資訊，快速正確的決策對成敗相當關鍵，而且客戶需要大量的建議，才能在財務生活中取得更大的成功。金融服務組織通常也有較多財務資源，可以對 AI 進行投資。因此，本書討論到的 AI 優先公司中，金融服務公司比其他任何產業的公司還要多，也就不令人意外了。

金融服務業中相當熱門的使用案例包括：

- **法律與合規分析**。為維護自身的財務狀況,銀行必須控管詐欺行為,也必須為符合監管規定從事客戶身分調查(know your customer)和反洗錢活動。銀行業利用決策規則系統形式的 AI 減少詐欺,已行之有年,但這種系統經常會產生過多偽陽性警示,因此,現在會用機器學習能力加以補強。以星展銀行為例,結合機器學習的交易監控能力,使其可以依據需要調查的可能性,為可疑的交易進行排序。新的系統讓分析師審查陽性案例的效率提升了三分之一,也讓他們能夠運用更多資料。最不可能出現詐欺的案子會被閒置,不進行審查,除非客戶有其他可疑的活動。

- **對話式 AI**。搭載 AI 的聊天機器人或智慧型代理在銀行業愈來愈盛行。如果它們能做的只是讓客戶查看帳戶餘額,就不怎麼令人興奮,但愈來愈多的銀行在自家的對話式 AI 系統新增其他更複雜的功能。美國銀行(Bank of America)聊天機器人愛瑞卡(Erica)的使用率穩步成長,上線不到三年,已經有超過兩千萬名使用者。除了查看帳戶餘額等基本功能,愛瑞卡還能標示異常支出、針對客戶設定的儲蓄目標給予建

議,並能處理超過六萬種與 Covid-19 相關的詞組和問題。此外,聊天機器人也隨著時間變得更健談、更平易近人。

- **全方位客戶體驗**。銀行正在使用 AI 和其他數位工具,深入了解並改善客戶體驗。到目前為止,已經有許多銀行使用客戶旅程分析,了解客戶體驗的真實樣貌,並使用機器學習預測令人困擾的體驗,何時會惹惱客戶或導致客戶流失。現在,非監督學習模型可以透過集群分析(cluster analysis)辨識新的或是服務不足的客戶族群。下一個最佳行動系統(像是我們提過的摩根士丹利系統)能利用機器學習,辨別最可能獲得客戶重視的金融商品或服務。對客戶不夠了解的銀行或保險公司,再也不能以技術不足作為藉口了。

- **保險核保**。長久以來,核保都仰賴規則式引擎,但領先的保險公司正以機器學習應用取代規則式引擎,或結合兩者,根據資料做出更精準的核保決策。此一趨勢出現在商業與住宅財產保險業,他們使用 AI 影像識別,檢查屋頂狀況或是周遭的樹木。汽車保險業也不落人後,允許駕駛在投保前(以及事故後)拍攝車

輛照片,來進行零接觸索賠判決與付款,這點我們會在下一章詳細描述。壽險業也出現同樣的趨勢,壽險公司在核保前會盡量避免昂貴、不便的醫學檢驗。美國萬通(MassMutual)的保險單位 Haven Life 採用數位核保,有一半的投保申請都不需要人力審查,而且核可的投保申請中有 20％不需要醫學檢驗。[7]

- **使用率保險**。我們在第五章討論過,前進保險於 2008 年首創根據客戶行車方式,制定不同保險費率的模式。現在,許多公司(包括新創公司和既有組織)都採用了這項技術,透過 AI 分析所有資料,決定提供哪些改善駕駛行為的建議,以及核保決策。

- **交易操作自動化**。現在有許多金融交易經由無需人類接觸的直通式處理(straight-through processing)進行處理與清算,但也有很多失敗的交易,需要大量的人為干預。AI 正在降低失敗的機率,並協助解決需要進一步調查的交易。AI 可以預測可能失敗的交易,並在此之前要求更多資料、從交易文件擷取解決失敗或問題交易的資訊,並偵測交易資料中的模式和異常,這對交易者來說相當有用。

- **消費者詐欺偵測**。偵測銀行和保險業中的詐欺行為，是重要的使用案例領域，而 AI 扮演了中心角色。舉例來說，信用卡公司試圖在銷售點核准交易前偵測詐騙。想為交易發生詐騙的可能性評分，需要機器學習與交易系統的密切整合。
- **信用風險分析**。羅伯特・赫克特－尼爾森（Robert Hecht-Nielsen）在 1980 年代中期，對神經網路模型與應用進行創新，而使用 AI 決定客戶是否應該獲得貸款就是神經網路最早的應用之一。現在，用於此一目的的機器學習已有許多不同形式。

世界各地的一些金融服務公司，也正在利用其他較為新興或侷限的使用案例：

- **生物辨識數位付款**。在中國（包括平安），以臉孔辨識驗證客戶身分，以進行付款、貸款和保險的作法，已經得到廣泛採用。
- **房地產價格估計與預測**。多數屋主都使用過 Zillow 所提供的 Zestimates，一種利用機器學習預測房屋價值

的工具。現在有其他房地產網站也推出類似的功能，保險公司則有可以在納保前為房屋估價的功能。然而，Zillow 最近終止了買賣房屋的業務，顯示 AI 估價演算法面對快速變動的市場可能會遇到問題。

第一資本的 AI 使用案例

金融服務業中，有一個 AI 驅動組織我們還沒有討論過，那就是第一資本，全美國第三大的信用卡發行公司（根據未償餘額計算）。第一資本信奉「策略必須建立在資訊之上」，從 1994 年成為獨立公司後便非常注重分析。過去十年來，第一資本也累積了強大的機器學習實力，其使用案例橫跨各種個人銀行服務。我們會在下一章探討第一資本從分析踏入 AI 領域的旅程。

多年來，這家銀行在一項重要預測上的表現優秀：客戶是否會償還信用卡貸款。除此之外，第一資本也利用機器學習進行許多其他類型的預測：

- 診斷手機應用程式的故障
- 偵測有洗錢嫌疑的可疑交易

- 偵測詐欺信用卡交易，並減少偽陽性詐欺警示
- 偵測詐欺數位銀行工作階段
- 為經常交易的個別商家建立虛擬卡號
- 預測客戶在線上階段中的意圖
- 預測客戶是否會打給客服中心，以及需要什麼協助

第一資本的聊天機器人伊諾（Eno）很能幹，可以執行許多銀行交易，並在客戶要求時提出有關支出習慣的洞見。第一資本也試圖推進信貸決策的疆界，利用深度學習模型，並努力讓監管當局更容易理解、接受它們。我們會在下一章討論到，第一資本正在銀行內部的許多領域應用 AI。

◯ 政府與公共服務產業

美國的政府與公共服務組織採用 AI 的腳步相對落後，至少軍事和情資單位以外是如此。然而，這個產業有不少使用案例，有些組織也漸漸開始採用。

已在這個產業扎根的使用案例包括：

- **索賠處理後勤辦公室自動化**。政府組織經常向個人或

組織支付賠償,而 AI 可以協助這項工作的許多面向。機器人流程自動化是美國聯邦政府較強的 AI 能力之一,實行的社群很龐大,遍布五十個不同機構,而且有許多專案正在研擬當中。機器學習可以辨識並提早支付最重要或最容易支付的索賠,以協助賠償支付流程。

- **族群風險支援**。透過 AI 辨別暴露在風險中(包括生理、心理健康問題、無家可歸,或是糧食不足)的民眾,在社會問題發生之前就想辦法根除。這是健康領域發展最領先的 AI 使用案例。舉例來說,在英國,如果年長病患的電子衰弱指數(Electronic Frailty Index,建立在機器學習之上的指標)得分偏高,醫療人員會獲得通知,提供這些病患額外的照護。

- **生醫資料科學**。生物學與機器學習的結合發展快速,研究人員正在尋找疾病及其有效治療方法,與基因組學、蛋白質組學和其他學科之間的關聯。舉例來說,隸屬於哈佛大學與麻省理工學院的研究機構——布羅德研究所,耗費兩億五千萬美元成立了一座中心,目標是結合生物學與機器學習。在政府方面,美國國家

衛生院正在執行多項計畫，企圖在基礎與應用衛生研究中推廣 AI。

- **福利行政**。無論是公私部門，都有愈來愈多組織使用 AI 來決定提供給民眾和員工的福利。舉例來說，演算法是丹麥決定公共福利（包括退休金、育兒津貼、失業援助和其他社會福利金）適用對象的基準之一。私部門有許多公司的人力資源組織逐漸採用客製化人才管理（workforce of one），以公司為客戶提供個人化服務的相同方式來決定員工福利。
- **衛生與環境預測**。加拿大 AI 新創公司 Blue Dot 成功預測 Covid-19 疫情的爆發與蔓延，讓許多流行病學家發覺人類或許有能力在一切失控前，預測疾病的擴散。政府也利用 AI 預測火山爆發、洪水、雪崩和其他自然災害。
- **視訊監控分析**。世界各地的許多政府在公共安全領域，應用 AI 視訊與影像識別技術。視訊監控攝影機大增，催生了自動影像分析的急迫需求，這不只是為了解決過去的罪案，也為了預測並預防犯罪。

政府和公共服務產業中,較為新興或侷限的使用案例包括:

- **軍事策略的代理人模擬**。未來戰爭的勝負可能取決於 AI 實力。目前 AI 的一項重要應用,就是使用智慧型代理人模擬戰事。因為代理人模擬能為許多代理人的行為建模,並且模擬意外行為,所以經常能產出更準確、更有成效的戰爭遊戲。也有許多國家的政府正在探索 AI 對武器控制自主化的用途,包括無人機和自駕車,以及使用機器人作為偵察兵和偵察平臺(空降或地面)。

- **公民資產與基礎設施管理**。維持城市或國家基礎設施有效運作的工作日益複雜,無法單靠人力完成。新加坡陸路交通管理局(Singapore Land Transport Agency)等公共組織開始使用感測器資料與 AI,來監控並預測公共運輸服務的中斷,以及建議恢復服務的最佳替代方案。[8]

- **法律結果預測**。AI 一項重要但具有爭議性的應用是在司法領域,使用 AI 預測(通常是律師,為了加快

和解速度）與強化法官和陪審團的決定。法官最為人所知的 AI 應用，就是利用演算法提供量刑建議，但有些演算法經常出現偏見，而且缺乏透明度。[9]
- **教育的適性化學習**。教育機構（特別是有大量線上教育內容的機構）可以應用 AI 適性化學習工具，監控學生學習和記憶內容的狀況。這種工具可以根據學習狀況提供適合程度的教材，將學習過程個人化，這是真人教師很難（或者不可能）大規模實施的。

美國政府應用 AI 的情形

儘管起步較晚，近年美國政府使用 AI 的情形有長足的進步，無論是在內政或國防方面。一項由美國行政會議（Administrative Conference of the United States）委託執行的研究顯示，截至 2020 年 2 月為止，有將近一半（45％）的聯邦機構都做過 AI 和相關機器學習工具的實驗。13859 號行政命令「維持美國人工智慧領導地位」（Maintaining American Leadership in Artificial Intelligence）延續這項研究，要求聯邦機構建立可公開取用的 AI 使用案例資料庫。包括：

- 國家航空暨太空總署（NASA）推出應付帳款、應收帳款、IT 支出和人力資源的 RPA 試驗專案。專案當中，有 86％的人力資源交易都在沒有人力介入的情況下完成。[10]
- 國家海洋暨大氣總署（National Oceanic and Atmospheric Administration，NOAA）部署一項 AI 策略，目的是「拓展 NOAA 所有任務領域的 AI 應用，以提升效率、效果，以及總署內 AI 發展與使用的協調。」[11]
- 社會安全局（Social Security Administration）在判決中使用 AI 和機器學習，以應對龐大的工作量，並確保決策的準確性和一致性。[12]
- 退伍軍人事務部（Department of Veteran's Affairs）成立了國家人工智慧研究所（National Artificial Intelligence Institute），以發展自身的 AI 研發實力。Covid-19 危機爆發之始，退伍軍人事務部也部署 AI 聊天機器人來回答問題，並協助判斷確診個案的嚴重性，以及可以接受病患入院的醫院。[13]
- 國家司法研究所（The National Institute for Justice）支援關於打擊犯罪 AI 的研究，協助調查人員整理「可

以用來打擊人口販運、非法穿越國界、毒品販運，以及兒童色情」的資料。[14]

- 國土安全部科學技術局（Department of Homeland Security Science and Technology Directorate）的運輸安全實驗室（Transportation Security Lab）積極地將 AI 和機器學習融入運輸安全管理局安檢流程，以改善乘客和行李檢查。運輸安全實驗室開發出新的工具、方法和流程，以有效測試並訓練演算法，再將其商業化，減少誤報的機率。[15]
- 國稅局（Internal Revenue Service）使用 AI 測試什麼樣的正式通知和聯絡組合，最可能讓積欠稅款的納稅人寄出支票。[16]

國防應用方面，國防部（Department of Defense）2022 年財政年度（始於 2022 年 10 月），在 AI 上的花費估計達八億七千四百萬美元。[17] 五角大廈該年度的 AI 計畫將達到六百項，是 2021 年財政年度的 2 倍。國防部的聯合 AI 中心（Joint AI Center）成立於 2018 年，目的是加速國防部採用與整合 AI 的速度，以實現大規模的任務影響力。經由聯合

AI 中心的計畫，國防部將 AI 用於醫療創新、改變戰爭扮演的角色、改善艦隊準備系統及支持流程改善，以協助軍事人員。當然，美國政府也斥資發展用於情資目的的 AI，但是支出水準和個別的使用案例都是機密。

新加坡政府應用 AI 的情形

新加坡雖然是蕞爾小國，其政府和公共服務經常是新科技的先行者，AI 也不例外。這個城市國家在各種機構和公共服務領域應用 AI，包括本章稍早提過的新加坡陸路交通管理局。其他 AI 使用案例包括：完成複雜納稅申報表的系統、警用和監控水壩的行動機器人、透過智慧型手機自動監控氣溫以偵測 Covid-19 傳染情況、在新加坡街道上自動駕駛的汽車和計程車，以及一套醫療診斷和治療的系統。

2017 年，政府投資成立了 AI 新加坡（AI Singapore），「全國性的人工智慧（AI）學程，目的是催化、融合並推進新加坡的 AI 實力，發展未來的數位經濟。」[18] 該學程與研究機構、公司行號和政府機關合作，以加速 AI 的發展和部署。同時透過國立研究基金會（National Research Foundation）成立並提供資金給網路安全、合成生物學、海洋科學，以及

許多其他 AI 導向研究計畫等領域的研究中心。由於成果正面，政府已為該學程提供第二個五年期的資助，並大幅提高政府對 AI 的其他資助。政府還在新加坡的大學成立了五所卓越研究中心。

新加坡另一個獨特的地方在於，為其國內營運的金融服務公司建立道德架構，即由新加坡金融管理局（Monetary Authority of Singapore）主導的真實聯盟（Veritas Consortium），該聯盟正在開發能讓公司評估自家產品公平與否的使用案例（包括開源程式碼）。目前已經成功開發信用風險評分和客戶行銷的使用案例，並計畫開發更多使用案例。[19]

現在有許多政府（包括美國和中國）意識到，AI 對未來國家的運轉至關重要，但新加坡領先各國，而且以其規模而言，投入了相對龐大的資源，成為 AI 的領導者，以及政府採用 AI 使用案例的先行者。

生技與醫療產業

面臨 AI 帶來的戲劇化轉變，生技與醫療公司位居第一線，但他們還沒做好萬全的準備。大型藥廠對 AI 稍有涉獵，但尚未完全掌握以電腦或電腦模型開發和測試藥物的方

法。許多從事藥物開發的 AI 優先新創公司充滿潛力,但是都還沒有任何大規模的突破。醫療產業則是每天都有 AI 診斷或預測疾病能力進步的消息,只是真正進入臨床實務的突破相當稀少。然而,生技和醫療產業的使用案例非常多(比我們分析的任何其他產業都要多);以下列舉幾種快速成為主流的使用案例:

- **臨床試驗的數位資料流**。臨床試驗流程的自動化可以提供經濟價值,並加快新合成藥物的上市速度。大多數試驗都使用數位平臺執行,這讓 AI 分析和關鍵階段自動化成為可能。藥廠(經常與簽約研究組織合作)正在改變藥物試驗執行的方式。試驗中,應用 AI 的合成控制組(synthetic control arm)能讓未參與試驗的個人擔任對照組,使得更多試驗參與者接受實驗療法。AI 也能協助整合並協調試驗資料,以加快試驗速度。
- **藥物製造智能**。藥物製造流程愈來愈數位化與自動化,讓藥廠得以利用 AI 監控異常狀況,以及預測流程結果。AI 能根據感測器資料偵測流程的衰退和對

產品品質的影響、監控原料性質的差異,並分析環境條件。公司能建立特定機械與整個工廠(最終目標)的數位分身,以進行資產維護預測和異常偵測。

- **全通路藥品行銷**。藥品銷售人員正在放棄過時的醫療行銷方法,以及過去針對患者的電視廣告。熟悉數位科技的消費者和從業人員期望透過所有通路進行接觸,並由 AI 來決定什麼內容要通過哪種管道推出。這類行銷任務相當複雜,已經演變到行銷人員無法獨自應付的程度。

- **有關「病患聲音」的洞見**。在過去,醫療和生技公司的客戶大多匿名,但現在,病患會在社群媒體和「跟我一樣的病患」(Patients Like Me)等社群論壇發表自身的旅程和經歷。AI 可以用來追蹤病患想法和線上討論,以達成促進正面病患體驗的最終目標。

- **主動風險管理與合規**。藥物主動監視(Pharmacovigilance)的發展日益複雜,藥物開發和行銷實務中的許多階段都會要求監管合規的證明。AI 可以透過辨別一般大眾和從業人員社群提出的問題,以及監控新聞動態,協助合規作業的執行。藥物上市

後，AI 也可以用於協助在實際的證據資料集中，透過副作用和負面結果監控藥物狀況。

- **病患接觸**。臨床治療缺乏與病患的接觸，以及病患不順從服藥指示，是令醫療服務供應者和支付者頭痛的問題。我們在第五章和第七章討論到，可以透過提供行為「提醒」（特別是個人化的提醒），來增進病患接觸與服藥指示順從情形。一如消費產業，AI 對醫療產業的下一個最佳行動系統同樣不可或缺。

- **醫療收益週期優化與效率**。醫療服務供應商和支付者都在想辦法建立更有效率、成效更佳的醫療服務付款流程，並逐漸將醫療核准與付款檢查自動化。機器學習也能用來在治療前準確估算病患的帳單，在美國，這已經是法律規定的必要步驟。

- **電腦輔助診斷**。靠 AI 診斷某些疾病和自動化的治療建議並不是新鮮事，在某種程度上，規則式的臨床決策輔助系統就具備了這種能力。但現在機器學習讓診斷和治療更為精準、更以資料為本。而搭載深度學習的影像識別技術已經證明，其辨別影像中醫療問題的能力不比放射科醫師來得差。這些技術當中，有一些

已經得到監管機關的核可，但大部分仍停留在實驗階段，尚未成為臨床實務。然而，這些技術只會愈來愈多，我們可以預期臨床流程將會納入更多的技術。

- **精準醫療和健康個人化**。機器學習也是精準醫療的關鍵，精準醫療就是根據病患的基因組成、關鍵代謝資料和其他因素推薦個人化的治療方法。對癌症病患來說，這已經是現在進行式，可以得知腫瘤的基因組成，並針對特定基因選擇治療策略。有些 AI 可以根據基因推薦特定藥物和臨床試驗。雖然還有很長的路要走，我們預期市面上很快就會出現更多精準醫療的方法。

- **醫院管理**。現代醫院是由昂貴的設施、機器和人才所組成，而 AI 已在優化這些要素的配置上扮演重要角色。舉例來說，AI 已經有辦法協助安排急診室、放射醫學影像機器和外科醫師等稀少資源，以提升醫院的效率。目前看來，這樣的優化最終可能會拓展到醫療體系中的各種選項，包括地方診所、復健中心和居家照護。

有些 AI 使用案例還停留在研究階段,或是臨床用途非常有限。其中包括:

- **尋找生物標記(biomarker)**。生物標記是能指出疾病或醫療狀況是否存在的可偵測物質。尋找生物標記如同出海釣魚,但許多醫學領域(包括癌症)都有大量的資料,可能有辦法產出潛在的生物標記。機器學習讓研究人員能更快、更容易地找到個別的生物標記或生物標記組合。新的 AI 演算法能預測蛋白質摺疊的規律,或許能用來產生新的生物標記類型。
- **合成生物學**。製造新的有機體、裝置或藥物相當耗時,但 AI 可能有辦法大幅加速這些過程。新的演算法能預測細胞行為如何受 DNA 或其生物化學機制影響。這些預測模型可能不只加快醫療研究進程,還有人工肉等消費產品的開發。
- **虛擬藥物探索實驗室**。機器學習能協助藥廠開發新化合物的數位模型,以及預測新化合物對特定的目標分子有何反應。結合 3D 模擬,藥廠可以開發最終能進行動物和人體試驗的模擬化合物,藉此大幅縮短藥物

開發時間。

- **能自行修復的醫療供應鏈**。跟其他產品一樣,醫院和醫療物資也會面臨不確定性,只是若延遲交貨和缺貨,後果嚴重許多。機器學習模型更能預測需求,並在意外事件發生時快速重新規劃。

- **數位醫療服務供應商**。醫療公司紛紛提供各種智慧醫療輔助服務,協助並強化真人醫師的醫療活動。尤其是在中國,智慧遠距醫療系統(像是平安的好醫生)能為醫師提供支援建議和診斷輔助、治療策略和藥物推薦。儘管在美國發展尚不周全,智慧遠距醫療服務很可能是未來醫療服務的常態。

- **臨床試驗的行為預測模型**。執行臨床試驗的公司面臨一個問題,就是高達三成的試驗參與者會在試驗結束前退出。這會增加支出、分析難度,還可能造成流失偏誤。生技組織開始使用機器學習模型預測參與者完成試驗的可能性,只錄取最有可能完成的參與者。

- **數位病理學**。截至目前為止,病理學在採用 AI 影像分析方面遠遠落後放射醫學。許多病理學家依然偏好使用顯微鏡,而且病理學並沒有捕捉和傳輸影像的共

同資料標準。情況已經開始改變，出現了許多提供以深度學習進行病理細胞影像識別的廠商。由於尚未獲得美國食品藥物管理局（FDA）的核准，這類服務不得在沒有人力審核的情況下進行分析，但它們對影像的預先分類和工作流程優先排序相當有幫助。

- **病患生命徵象監控**。追蹤體能活動的智慧型手錶十分普及，而且監控的範圍逐漸擴及各種醫療相關資料，從心率、血氧濃度到心電圖訊號都有。這類裝置可以將資料傳送到電子醫療紀錄，進行長期監控，而且手錶還能在出現嚴重的醫療問題時自動通知醫師。

- **藥物順從性和遠距病患監控**。病患是否順從指示服用開立的藥物，是整個醫療體系面臨的難題，對臨床試驗更是如此。「電子藥房」尚未實現，但有些臨床試驗開始對智慧型手機拍攝的照片使用影像識別，確認病患確實按照處方規定的頻率來服用藥物（或是安慰劑）。

- **放射醫學的診斷影像強化**。深度學習影像識別在實驗室的成功率日增，但臨床實務的採用率仍然不高。要提高採用情形，其中一個方法是強化影像，讓系統標

示出有問題的區域,或是挑出影像中靠肉眼無法輕易辨識的特徵。研究人員也致力於提高影像識別在醫療機構和臨床環境中的可複製性。

克利夫蘭診所採用 AI 的情形

在我們看來,醫療和生技產業中尚不存在 AI 加持的傳統組織。明顯由 AI 驅動的新創公司很多,也有一些大型醫療服務供應商和製藥公司積極採用 AI。但這些公司使用 AI 的程度,都還不足以達成大規模的業務轉型。因此,我們接下來將描寫一些比較積極的組織,還有他們採取的一些使用案例。

醫療產業中的某些組織以提供創新、高品質照護,以及開發創新和高品質 AI 使用案例聞名。例如,克利夫蘭診所的企業資訊管理與分析執行主任克里斯・唐納文(Chris Donovan)表示,公司內部的「AI 應用百花齊放」。他的團隊協助公司由下而上的 AI 開發與部署工作,同時提供治理方法。截至目前為止,這項工作是由企業分析、IT 和道德部門的跨組織實踐社群所推動。

大多數使用案例是在營運方面帶來好處,也就是讓決策

更快、更精準。例如,克利夫蘭診所正在實施手術前病患麻醉風險評分。他們已經採用規則式評分系統許多年,現在,評分改以機器學習進行,自動化和精準度皆有所提升。醫院財政也將企業資源計畫系統資料用於機器學習模型,可以更準確地估計財務風險。在許多行政職能部門也利用機器學習,建立更多預報、預測模型和模擬。

在人口健康領域,診所建立可以協助排定照護管理資源使用優先順序的預測模型。照護管理資源相當稀少,排定優先順序對於提供照護給最需要的病患至關重要。預測性風險評分現在是決定哪些病患會接到探訪電話的主要方法。舉例來說,難以自行管理病情的糖尿病患,風險評分就會比較高。診所還建立了另一種模型,以辨別哪些病患雖然沒有患病紀錄或症狀,但可能有罹患疾病的風險。該模型用於積極為評分較高的病患,安排篩檢或預防性照護,以避免他們罹患疾病。

另一種預測模型能辨別哪些病患具備有問題的社會性健康決定因素,這類病患除了醫師,可能還需要社工或是赴約看診用的公車票。唐納文表示,目前模型評分獨立於醫院的電子醫療紀錄,但他認為最終會納入電子醫療紀錄當中。到

目前為止，電子醫療紀錄系統中的預測模型通常表現都不好，部分是因為這些模型並非透過診所本身的資料訓練。

克利夫蘭診所有大量的應用都與醫療影像的深度學習分析有關。例如，放射科醫師在診所的影像研究所（Imaging Institute）進行癌症和骨折自動辨識的實驗，而神經科醫師則是使用該技術尋找癲癇的成因。AI 模型目前的目標是協助醫師辨別影像中的問題，而不是獨立辨識影像。另一項醫療影像專案中，診所最近宣布與 Path AI 合作，目標是將病理切片收藏數位化，用於 AI 推動的轉譯研究，以及多種疾病領域的臨床診斷。

唐納文認為克利夫蘭診所應用 AI 能發揮龐大的潛力，但最大的挑戰則與資料有關。他說，其他產業握有的資料比醫療業多很多，而且較整潔、架構完善。他表示，克利夫蘭診所跟其他醫院一樣，面臨資料品質的問題，資料蒐集方式不佳、輸入方式沒有統一，而且在整個組織內有許多不同的定義。就連血壓這種常見的指標，也有可能是在病患站著、坐著或仰躺時測量（姿勢不同，結果通常也會不同），而且記錄資料的方式也不同。了解資料結構是適當解讀的先決要件。因此，資料準備已經成為所有 AI 專案不可或缺的一部

分,唐納文的團隊正努力提供所有 AI 專案都可以利用的實用資料集。

最後唐納文指出,克利夫蘭診所也花了許多時間來了解與這些技術有關的道德考量。他認為,想在臨床決策中大規模實施這些技術,道德考量將會是關鍵。

各大藥廠採用 AI 的情形

試圖以 AI 重新設計藥物開發過程的藥廠或生技公司,大部分都是新創公司。他們是否能成功改善這個昂貴又耗時的流程,只有時間可以解答。多家藥廠正努力不懈地在業務中應用 AI,並採用各種使用案例,但他們的許多專案對於藥物探索流程核心的作用稍弱。換句話說,他們尚未完全達到 AI 加持的境界,但正在努力確保未來可以實現。

舉例來說,輝瑞擅長銷售和行銷,其許多 AI 應用都能輔助這些職能部門。有些使用案例是與辨別什麼類型的醫師較有可能開輝瑞的藥物給病患,或是告知病患產品的正確用途有關。輝瑞的澳洲業務單位使用 AI 平臺,模擬另類銷售和行銷策略的影響。該公司還利用 AI 向參與臨床試驗的病患傳送個人化通訊。輝瑞正在奠定基礎,以便將來在藥物探

索與開發過程中更積極地採用 AI，採取的方法是建立科學資料雲，用來創建可以改善化合物預測的演算法。該公司使用 AI 來加速與合作夥伴 BioNtech 共同銷售、創紀錄的 Covid-19 疫苗的臨床試驗。輝瑞還舉行一系列的訓練營，為公司員工提供 AI 使用方法的訓練。

諾華對於討論 AI 計畫的態度相當公開，其 AI 創新實驗室（AI Innovation Lab）與微軟合作，提出諸如有效且具效率的智慧分子設計、可將人體 T 細胞轉化為抗癌劑的個人化病毒，以及治療老年性黃斑部病變的精確劑量等使用案例。諾華使用 AI 從現實世界的資料中擷取發現，並藉此提出研發機會。該公司也開發深度學習模型，藉由分析皮膚病變的影像加速痲瘋病的檢測速度。

阿斯特捷利康在藥物探索和商業用途，都有許多使用案例。在藥物探索方面，該公司聚焦利用大型資料集預測哪些分子可能對目標疾病造成影響，並為其排名，目前正靠此方法大幅加速藥物開發流程。流程的下一個步驟是在實驗室中合成分子，而蛋白質折疊預測等工具有辦法加速流程。使用 AI，病理學家最多可將組織與細胞分析加快三成。自動化技術（包括實體的機器人和流程自動化）能協助加速生成、分

析並測試新化合物這個不斷重複的循環。該公司還使用聯邦政府電子醫療紀錄資料加速臨床試驗。

　　阿斯特捷利康也在商業層面有效地利用了 AI。舉例來說，該公司在 Covid-19 疫情期間利用機器學習和自然語言處理，將與醫師的數位通訊（當時唯一的通訊方式）個人化。並且，還有能評估銷售經理與銷售人員之間指導性對話的 AI 模型。

　　禮來利用 AI 發展臨床試驗。禮來的設計中樞分析計畫（Design Hub Analytics Initiative，DHAI）利用包含整合資料來源、進階分析、AI 自動化和使用者體驗改善的創新技術平臺，轉化了此流程，以分析另類的試驗設計。這項計畫利用機器學習捕捉和處理禮來的試驗經驗及其他資料來源，以引導協定建構和交付選項，像是國家和調查人員的選擇。DHAI 讓禮來節省了高達兩成的時間，使其大幅加速藥品上市所需的時間。

　　藥物開發的重大革新通常發生在小型新創公司，但這些新創公司後續會被大型製藥公司收購，目前看來，AI 可能也會遵循同樣的模式。許多大型藥廠（包括前面提到的）已經與這些新創公司建立開發合作關係。如果 Exscientia、英

科智能（Insilico Medicine）、Berg Health、Benevolent AI 和其他許多 AI 導向的新創公司，能成功大幅改善藥物開發的速度和效果，大型藥廠絕對會採用其作法。

科技、媒體和電信產業

德勤的專家經常將科技相關產業統稱為 TMT（科技〔technology〕、媒體〔media〕和電信〔telecommunications〕），其中包含所有行業裡，數位化與 AI 驅動程度最高的公司。這個產業的產品和服務留下的資料軌跡——產品使用情形、地點、興趣和關注程度——都可以輕鬆地使用 AI 分析。舉例來說，電信產業是資料探勘的先驅，接著又首開以機器學習預測客戶流失的先例。然而，科技產業也經常引發消費者和政策當局有關資料隱私、消費者定位和監視資本主義的疑慮。未來幾年 TMT 公司如何處理這些疑慮，並與 AI 的潛力取得平衡，將會成為其他許多產業的基準。

AI 採用公司常見的使用案例包括：

- **智慧工廠和數位供應網路**。支撐 AI 發展的產業（半導體和電腦生產），也愈來愈常利用 AI 進行生產。

常見的使用案例包括需求預測與存貨水準預測、設備調度、晶片設計自動化和設計缺陷偵測、產出優化,以及缺陷偵測(例如前述希捷的案例;希捷既是製造公司,也是科技公司)。

- **直接的消費者接觸**。科技業是科技導向行銷和銷售手法的主要使用者。舉例來說,思科系統(Cisco Systems)是企業對企業(B2B)公司,開發了上萬種機器學習銷售傾向模型,能將消費者購買特定產品的可能性納入考量。[20] 科技組織也會仔細監控線索,以機器學習排定優先順序,並經常使用自然語言處理系統,來培養價值或可能性較低的線索。

- **數位聯絡中心**。現在有許多產業都會利用聊天機器人和智慧代理,但科技導向公司最為積極。在該產業中,建立在自然語言處理之上的數位代理,被用來處理與帳務和行程相關的行政作業。然而,由於科技產品與服務相當複雜,科技業在客戶支援方面,對 AI 的利用肯定領先所有產業。這類的使用案例不僅能回答客戶常見的問題,也能在支援通話中即時分析客戶信心,以及是否需要向上呈報。

- **客戶資料變現**（monetization）。許多消費者導向的產業都在研究各種資料變現的形式，科技業因為握有大量的資料而在這方面領先各界。最常見的例子就是將社群媒體或搜尋使用者對廣告商的注意力轉換為收益，或是藉由販賣廣告看板或特定地區優惠的行銷機會，將電信供應商所知的位置資訊變現。這對消費者而言是個敏感的議題，因此，未來可能會受到額外的監管。
- **資料中心與設施冷卻優化**。科技公司的資料中心使用大量的電力能源。Alphabet 的 DeepMind 最早開發出能夠將資料中心冷卻能源成本，穩定減少 40％ 的演算法。西門子（Siemens）與新創公司 Vigilent 合作，開發出用途更廣泛的演算法，來優化設備冷卻系統，這套方法也被應用於資料中心。[21]

科技業中目前比較少見，但可能會隨著 AI 技術逐漸成熟而成長的使用案例包括：

- **不實媒體內容偵測**。深偽（Deepfake），或是無法代

表現實的人造影音內容仍處於早期階段,許多觀察家擔憂這類技術未來可能會成為不實資訊的主要來源。深偽因為 AI 而成為可能,但 AI 也可以用來辨別深偽。這場軍備競賽的結果尚未明朗化,但至少有潛在的解決方法。

- **具備自我修復能力的網路**。電信公司的存亡取決於其網路健全與否,而 AI 使預測、修復和防止網路故障成為可能。就像預測性資產維護使用案例能偵測異常,並預測機器何時會故障,AI 應用能識別網路中的問題和潛在問題,並在問題發生前就先行解決。至少,這些應用能告知客戶何時會恢復服務。舉例來說,威訊在 2017 年使用 AI 預測並預防了兩百起可能影響客戶的網路事件,其中許多起都在實際發生前就解決了。[22]

- **語言翻譯服務**。現在許多消費者都知道,當他們去使用其他語言的國家或地區旅行時,搭載 AI 的智慧型手機應用程式,可以提供基本的翻譯服務。類似的功能也可以用來翻譯電子郵件和網頁。然而,重要的商業文件通常都是由真人和電腦輔助翻譯(computer-aided translation，CAT）軟體合力完成，通常，CAT 軟體會向譯者提出建議的翻譯版本（大多是逐行的翻譯），譯者可以決定要接受、拒絕或是修改軟體提出的翻譯。CAT 工具大幅加速了譯者的生產速度。[23]

- **視訊內容分析**。人類、街頭監視攝影機、無人機、汽車和其他來源產出視訊內容的速度相當驚人，但是我們沒有足夠的人力能檢視並分析所有內容。AI 能為了各種偵測理由分析視訊，包括動作和／或物體、火災或煙霧、臉孔辨識、數字辨識等。若與自然語言生成同時運用，AI 甚至可以把觀察到的事物說成一個故事。

- **音訊與視訊探勘**。跟視訊內容分析一樣，音訊或視訊形式的內容經過探勘，可能轉化成可分析的結構化資料。AI 可以捕捉這類內容中的許多細節，包括關鍵主題或行為、情緒和內容涉及的個人。此應用牽涉的 AI 技術可能包含自然語言處理、電腦視覺、語音辨識和深度學習，以協助達成每項目標。

- **情緒偵測**。透過深度學習，我們愈來愈能準確地偵測人類情緒。其目的從偵測觀看者對廣告的反應、偵測

駕駛的路怒症,到觀察機場旅客的恐懼或焦慮。然而,有些人指出要解讀人類情緒,不能只仰賴臉孔辨識,還必須同時評估其他心理因素,才有辦法提升準確性。[24]

- **元宇宙的建立與管理。**許多公司都開始追逐元宇宙的構想——元宇宙是一種沉浸式的虛擬環境,可用於娛樂、遊戲、教育和模擬用途。AI 將在元宇宙中扮演重要角色,包含自動建構視覺影像、視訊和語言、偵測判斷、預測行為和動作,以及其他元宇宙的要素。AI 將在元宇宙中扮演許多角色,Meta(前身為臉書)已經描述過其中一些。[25]

華特迪士尼公司採用 AI 的情形

價值六百七十億美元的媒體與娛樂巨頭——華特迪士尼公司(Walt Disney Company),其園區與度假村業務單位於 1995 年開始採用 AI 和分析。經理人員發現航空公司透過收益管理和根據供需的航班座位動態定價,成功改善了利潤,他們認為,或許同樣的手法也可以應用在旅館房間的定價上。曾經任職於人民航空(People Express)和美國大陸航空

（Continental Airlines）的馬克‧薛佛（Mark Shafer），進入迪士尼帶領專研該使用案例的團隊。

雇用薛佛讓園區與度假村部門迎來極大的轉變，而且後來迪士尼幾乎所有的業務單位都受到影響。薛佛的收益和利潤管理團隊現在有超過兩百五十名成員，其中五十個人有博士學位。這個團隊位居迪士尼商業用途分析與 AI 的中心，並大幅改善了旅館、園區、百老匯表演、書籍和其他迪士尼資產的利潤率。現在，該團隊的業務橫跨整個公司，而機器學習是主要工具之一。

迪士尼的 AI 也愈來愈常在園區客戶面前曝光。該公司近期推出 AI 即時假期規劃助理 Genie，能根據家庭偏好推薦景點。應用程式內的排隊管理服務可與迪士尼魔法手環（Disney Magic Band）一同使用，提供園區內客戶位置的即時資料。此服務的目標是縮短排隊長度，並提供客戶最好的體驗。[26]

迪士尼針對電影業務建立了 StudioLAB 研究團隊，目的是探索 AI 和其他技術來改善電影內容。舉例來說，該團隊利用 AI 監控觀眾情緒，改善初期試片的效果。迪士尼與加州理工學院（California Institute for Technology）合作，在電

影院內放置攝影機,利用深度學習系統監控每位觀眾的臉部。這麼做能提供更多資料,並且更精確地了解觀眾體驗電影的感受。[27]

為了維護品質,StudioLAB 還開發了能審查電影畫面中所有像素的演算法,讓分析師僅需審查選定的像素。還有其他演算法能自動繪製像素,以確保影像的一致性。目標是讓公司的故事創作者能聚焦在故事之上,而非瑣碎的細節。

上述技術密集的產業都有許多應用 AI 的使用案例。我們舉出的積極採用者,在早期就比許多競爭對手在 AI 方面下了更多功夫。我們深信,這些已經很成功的組織對 AI 如此重視,最終將會反映在營運和財務績效的改善之上。

請注意,本章描述的許多使用案例都可以應用在不同的產業中。就像上述的迪士尼,將航空業的定價方法應用在娛樂場所。各產業都有許多可能的使用案例,或許會讓某些高階主管感到負擔沉重,但想要真正實現組織轉型,就必須考量並採用大量的使用案例。個別的使用案例可以與類似領域(例如客戶服務)的其他使用案例結合,以達到更大的影響。由於 AI 可能的應用多如牛毛,高階經理人員必須擬定策略,以最可能影響業務、推進策略的使用案例為優先。

Chapter 7

邁向 AI 加持

如果你是傳統組織的領導者,或在傳統組織工作,可能會覺得 AI 轉型超出公司的能力。你的公司或許不像克羅格或羅布勞這樣的零售巨頭,擁有數十年的銷售點和顧客忠誠度資料,或是像空中巴士一樣,能夠產生並分析巨量的感測器資料,又或者像星展這種大型銀行,擁有以科技驅動業務向前邁進的悠久歷史。你可能會覺得要獲得足以全力投入 AI 的人才和資源,是不可能的任務。

　　如果以上敘述符合你的處境,並不需要感到絕望。許多過去未廣泛採用科技、資料和 AI 的公司,無論原因為何,都有類似的狀況。我們目前處於公司進行 AI 轉型的初期,而本書提到的公司則屬於先行者。

　　好消息是,十年前還沒有所謂的 AI 公司,我們可以描述目前的 AI 優先公司朝這個方向邁進的不同路徑。想要積極採用 AI,並不需要超人般的力量或任何超自然的特質。簡單來說,公司都意識到未來需要更多的 AI 能力,因此指派人力實現對未來的願景、取得必要的資料、人才和金錢上的投資,並盡可能快速地打造新的 AI 能力。這些公司不是已經達成目標,就是至少正在接近目標;每間公司選擇的道路或許有些不同,但基本步驟是一樣的。

本章將會以四個案例，說明邁向 AI 加持的四種路徑，包括：

- 德勤從只以人力為導向的專業服務企業，轉型為以智慧人力與智慧機器共同合作所推動的公司。
- CCC 智慧解決方案從原本的資訊供應商轉型為 AI 加持公司，經營協調汽車碰撞修復的事業。
- 第一資本原來就是分析的先行者，也在 AI 發展的初期就廣泛採用 AI。
- Well 是本書介紹的唯一一間新創公司，該公司正從頭建立能影響健康行為的 AI 能力。

想要達成 AI 加持的目標，可以採取的選項不止這些，但上述案例能為想踏上 AI 旅程的任何組織提供一些靈感。

德勤：從人力推動的組織轉型為人力與 AI 並重

我們很想介紹德勤的故事，因為我們與德勤有深厚淵源——尼丁是德勤美國 AI 業務部門的主管之一，湯瑪斯擔任德勤的高級顧問已超過十年。德勤也是轉移重心的良好典

範,原本幾乎只採用專業人力執行任務(從 1845 年於倫敦成立後就是如此),而如今致力成為 AI 加持組織,採取各種形式的人力與機器合作。德勤尚未完全轉型為 AI 加持組織,也沒有要放棄人力員工;目前,德勤在全世界仍有將近三十五萬名員工。

然而,該公司提供給客戶的專業服務已經將廣泛使用 AI 作為特色。這是服務重心上的一大轉變。德勤的業務、全球和戰略服務主管傑森·格薩達斯深信,德勤必須有所改變,才能在更智慧化的經濟體中拔得頭籌,並且大力倡導轉型。本書提到的許多案例都顯示,組織想要獲得 AI 加持,高階經理人員必須具備遠見、熱情和能量,而格薩達斯扮演的正是這個角色,他動員了德勤的重要利益關係人,說服他們支持這項投資,以及邁向 AI 加持的使命和旅程。

該公司將 AI 視為戰略性成長機會(strategic growth opportunities,SGO)的優先投資之一,認為 AI 會對其營運的廣泛經濟體產生影響。整體而言,格薩達斯負責將 AI(和其他優先投資)能力整合到公司的業務中。

AI 策略計畫(尼丁是主導者之一)的期間為五年,從 2021 到 2026 年。該計畫描述各種業務利用 AI 的方式,然

後建立社群；與輝達、亞馬遜網路服務公司和谷歌建立進入市場的關係；建立新的實務領域，並長期投資。同時聚焦培養 AI 相關的內部能力和流程，以及開發新的客戶服務。格薩達斯表示：「我們相信 AI 能改變公司的成本架構和能力組合，據此建立起我們的 AI 計畫。比起開發未來業界所有公司都會擁有的『基本』能力，我們做的事比較偏向組織轉型。多數走在最前端的客戶都在做同樣的事，所以我們必須正面迎接 AI 帶來的全新、複雜的挑戰。」

格薩達斯認為德勤尚未達到 AI 加持的境界，「我認為最困難的工作已經完成了，也就是在德勤內部動員，呼籲大家重視 AI。」但他補充道，每一個業務單位都還有尚待完成的工作，人才管理和財務等基礎流程也一樣。AI 計畫還包含收購大量 AI 新創公司所需的資本，並在關心政府專案廉正與否的領域提供新服務，以及協助客戶建立和管理智慧工廠。

這次轉型很不尋常，不只是因為對商業模式造成的改變規模龐大，還有採納轉型的方法也很不同。德勤和其他同屬「四大」的全球性專業服務公司一樣，都包含由全球成員組織組成的大型網路。多數情況下，各成員公司都在單一國家

內經營,其架構和實務遵守該國的監管環境。每個成員公司都在類似的領域進行業務,包括審計、稅務、顧問和諮詢服務。德勤多數的計畫都在成員組織中進行,但 AI 轉型的規模擴及全球。審計、稅務、顧問和諮詢的創新團隊正在想辦法建立全球適用的解決方案,儘管有些解決方案可能需要調整才能符合地方法規。

此外,也有不同業務領域的合作,舉例來說,將客戶資料整合成可分析的共通格式,對審計和稅務業務部門來說可能都是一項挑戰,於是他們合作開發出具備此一功能的工具。顧問團隊為客戶打造了 AI 服務和專業人士的集合,稱為 AI 鑄造廠(AI Foundry),其中有些服務和專業人士會與審計和確信業務部門合作。德勤將提升員工 AI 方法與工具的技能視為優先要務,因此,AI 策略計畫催生了 2021 年成立的 AI 學院,該學院在客戶業務流程和策略的脈絡下教授 AI 知識,已經成為市場上 AI 人才的培育者。

AI 在審計和確信領域的應用

德勤的審計和確信業務致力於建立 AI 能力,比任何其他業務單位還要早。[1] 其 AI 發展始於 2014 年,由瓊恩・拉

菲爾（Jon Raphael）的創新與客戶服務交付團隊帶領。全球性的 AI 平臺 Omnia 用於支援全球成員公司的審計業務，但會根據地方進行調整。Omnia 包含各種工具和方法，能將部分審計交易自動化、優先處理人類審計員的評論，並針對客戶的業務和風險生成洞見。Omnia 會持續進化，但該平臺已經幫助德勤在以 AI 執行外部審計的關鍵工作邁進一大步。從一開始，Omnia 便採用「同類最佳」的作法，包括監控世界各地剛成立的科技新創公司。有些能力主要在內部開發，有些則大多來自外部廠商。舉例來說，加拿大新創公司 Kira Systems 的軟體，能擷取法律文件的合約條款，對審計中的文件審查流程而言，是非常實用的功能。過去的審計員必須閱讀大量合約才找到關鍵的條款，現在，Kira Systems 的自然語言處理技術，能自動辨識並擷取合約中的重要條款。對許多內外部開發的不同使用案例來說，Omnia 是骨幹般的存在，可以輕易地增加新工具。

　　Omnia 從一開始就是全球性的平臺。儘管剛開始的試驗對象僅限於美國客戶，但開發人員在開發時便放眼全球。他們採取敏捷方法進行試驗和快速學習。Omnia 的開發將標準化奉為最優先的原則，但在某些國家，因地制宜的調整

不可或缺。不同國家存在某些重大的差異,包括資料隱私、審計流程與標準、法律和對風險的態度,以及商業決策。有些國家還規定審計和其他類型的公司資料,必須儲存在國境之內。Omnia 也具備彈性,無論客戶是大型政府部門或小型私人機構,Omnia 都有辦法支援其審計工作。

審計一間公司的關鍵,是將重要財務和營運資料轉換為容易分析的格式。當然,每間公司的資料結構都不同,所以審計平臺擷取重要資料的過程,可能需要大量勞力。然而,德勤開發的 Cortex 系統可以從客戶交易系統中,自動擷取帳簿條目和其他必要資料,並化為可分析的形式。拉菲爾表示,開發適用不同客戶的共同資料模型是整個 Omnia 旅程中最困難的部分之一,他有些後悔沒有早一點開始。2018 年,雇用了資料長後,促進了發展的速度。

Omnia 包含許多系統和各種能力。其中稱為 Signal 的系統可以分析公開的財務資料,偵測客戶業務中的潛在風險因素。Cortex 能即時分析帳簿條目資料集,以偵測與會計營運和控制相關的規律。Reveal 使用預測性分析,辨識值得關注的審計區塊,讓審計員進一步檢查。Omnia 平臺最近新增了能評估 AI 模型偏誤的可信任 AI 模組。

德勤的審計創新團隊在發展將 AI 應用於審計流程的使用案例時，會遵循一個共同的流程。該流程有五個步驟：

1. **簡化與標準化**。第一步是為工作的執行建立共同、簡單的流程或程序。這個階段還不會導入新技術，只會建立流程和程序文件。這些文件會描述共通的整體工作流程，特定區域需要的個別變化則在後續新增。
2. **數位化與結構化**。數位化──以能蒐集資料並監控表現的某種資訊科技支援一項工作，是 AI 技術從資料中學習的先決條件，也是將工作結構化的下一個步驟。採用的技術通常會指定活動執行的順序。
3. **自動化**。一旦工作經過數位化和結構化，執行自動化就會是一個簡單的過程，通常會使用某種專有的工作流程，甚至是機器人流程自動化工具。此步驟減少了人力需求，大體上能改善週期時間和一致性。舉例來說，德勤使用工作流程技術將審計中的確認流程完全自動化，過程中會向多個外部第三方發送信件，以確認金融交易。

4. **對過去和未來的進階分析**。自動化流程可以用描述性分析進行監控,並且較能以預測性分析進行測試。此外,客戶資料可以用外部資料補充,進一步改善風險評估流程,或是辨別測試中明顯的離群值。
5. **應用認知技術**。轉型為 AI 賦能任務的最後一步,是應用 AI 讓工作更加智慧化,使其能夠從與審計員和目標資料的互動中學習(例如機器學習)。隨著時間的發展,AI 工具可能學會更好的工作方式,或在工作的特定面向採取智慧決策(例如擷取和分析合約條款)。

上述每個步驟獨立出來都可以改善審計品質,並為德勤的審計員與客戶提供更及時、更有意義的洞見。

這個流程似乎得到成效。德勤的審計創新在 2022、2021、2020、2018 和 2015 年度,都獲得英國數位財會論壇與頒獎典禮(Digital Accountancy Forum and Awards)的年度最佳數位創新獎。當然,「四大」中的其他會計師事務所也在擁抱 AI 的審計應用,但我們認為德勤發展 AI 的腳步領先群雄。

審計創新團隊也開始改變人才模型,以支援 AI 能力。他們聘請了數名博士級的資料科學家和資料科學實習生,並增加雇用具備資料和 IT 教育背景的學生。

拉菲爾表示,客戶對 Omnia 執行的審計成果很滿意,特別是其中所揭露基於資料的業務洞察水準。他對於 AI 改善審計品質的能力懷抱信心。AI 的效率會因個別審計與客戶而有差異;有時候,AI 會揭露需要審計員進一步調查的重要項目,但這同樣能改善品質。有了 Omnia,能在客戶據點之外完成的工作變多了,並在 Covid-19 疫情期間帶來了相當大的益處。拉菲爾對於 Omnia 進一步的發展,以及未來將在全球更多地區推出感到興奮。他的團隊正在構思一些情境與模擬方案,能讓客戶想像其業務中的氣候相關替代計畫。此外,他們也正在探索將帳簿條目和財務結算模擬視覺化的可能性。他的團隊正在與德勤顧問及輝達的合作夥伴,一同發展複雜的視覺模擬。

AI 在稅務領域的應用

稅務通常會劃分為前瞻性的策略專案,以及使用歷史資訊的監管合規活動。這兩個領域的共同點是什麼呢?答案是

龐大資料集的複雜分析。在過去，這類分析是由稅務專家使用當時的最佳技術手動執行。德勤的目標是利用機器學習進行稅務工作，他們認為結合稅務專家和以 AI 推動流程的能力，整體來說，能產出準確性、效率和洞見都更好的結果。

德勤稅務分析洞見實務的 AI 策略性成長服務（Strategic Growth Offering，SGO）領導者貝絲‧穆勒（Beth Mueller）表示：「稅務領域運用 AI 的機會很多，我們聚焦對特定事實應用高度專業的稅務法。運用 AI 的工具和流程將持續演化，讓我們客戶的稅務職能部門成為組織中更好的業務合作夥伴。」

在稅務策略工作領域，稅務專家通常必須利用有限的時間和資訊，做出對組織有重大影響的決定。由於商業交易發生後，稅務部門經常是最後獲得通知的部門，所以做出明智決策的能力可能會受到限制。然而，利用人工智慧就能將稅務專門的演算法編入決策流程，以便及早發現稅務考量，讓稅務部門能更快地發聲。

稅務合規（例如外部審計）有很大一部分的工作，是從客戶的交易系統中擷取資料。ERP 和其他企業系統通常都不是為了稅務合規的目的而開發，因此，相關人員必須從中

擷取重要資訊,然後根據稅法重新分類。德勤開發 Intela 平臺來與客戶合作,該平臺包含 AI 推動的能力,可以擷取資料並重新分類,再將洞見傳送給稅務專家和客戶。試算表帳戶的分類是應用自動分類的一個稅務資料領域,能為每個帳戶的稅務分類提供初步確認(例如可扣除或不可扣除)。此外,其他分類(例如涉及間接稅的分類)也正在自動化當中。蒐集完所有必需的資料後,德勤利用機器人流程自動化和其他科技解決方案,執行計算、準備納稅申報表,並在人力審核流程之外,執行額外的品質審查。該平臺還能透過分析檢查稅務資料,辨別客戶可能會想納入考量的見解。

與審計相同,過去的稅務合規活動通常需要稅務專家付出大量勞力——查閱資料、從一個系統中擷取,輸入另一個系統、建立計算工作底稿等。這些人力工作有很多已經被省去,而且未來會愈來愈多。讓稅務專家有更多時間分析客戶的稅務狀況,以及提供如何改善的建議。企業稅務部門中使用自動化與 AI,也符合某些國際稅務管理機構對改善稅務合規流程的願景;到了某個時間點,稅務合規的一些領域或許能簡化為系統間的溝通,同時以 AI 偵測其中潛在的準確性風險。

AI 在顧問領域的應用

在德勤專家執行的各種活動中，顧問是結構性最低的活動之一，但這不代表該領域沒有應用 AI 的機會。尼丁帶領顧問部門的 AI 應用，他和同仁正在尋求各種機會，目的是挑戰顧問使用科技工作的方式。由此產生的機會大致上可分為兩類：建立能力和展開新的業務活動。

顧問部門深知，組織要從人力推動轉型為人力與 AI 並重，就必須快速建立推動現今更加智慧化的經濟所需要的能力。由於 AI 對現代商業和社會的重要性日增，德勤顧問必須具備必要的 AI 能力，才有辦法服務客戶。

這些能力包括對話式 AI、電腦視覺、使用 AI 技術處理來自物聯網和邊緣裝置的資料，以及 AutoML 的應用。目的是大規模建立此類能力所需的知識和技能，讓大多數德勤從業人員可以幫助客戶實現業務轉型，而不只是由一個小型的專業團隊提供 AI 服務。這項工作的前提是聯絡中心數位化、製造營運現代化，以建立智慧工廠，或是將雲端服務延伸到客戶網路的邊緣。德勤的 AI 學院與學習機構合作，為從業人員開辦有關 AI 商業應用的客製化課程，以讓整個顧問部門獲得必要的 AI 能力。

另一個關注的領域則是展開新的業務活動。目標是將德勤顧問的傳統業務延伸至新的商業模式，以鞏固未來十年的市場地位。AI 策略計畫聚焦於德勤顧問已具備領先能力的領域，展開新的業務活動，將改變德勤未來十年在這些領域從事顧問服務的方式。

　　舉例來說，德勤擁有全球最大的資料實施業務之一，能幫助客戶將資料搬遷到雲端。現在，這個業務的範圍正在擴大，包含幫助客戶掌握這些資料，讓他們自己實現 AI 加持的目標。德勤顧問推出 ReadyAI 的新業務（一項 AI 能力服務），可為客戶提供經過事先配置、技能互補的團隊。這些團隊能幫助客戶決定如何處理資料，並以標準 AI 流程和工具（包括機器和深度學習）開發使用案例。ReadyAI 能幫助客戶快速啟動自身的 AI 旅程，與一般顧問服務不同的地方，在於不會事先定義好要求和交付成果，而且團隊經常是由客戶直接指揮。

　　另一個新開展的業務活動，與開發自動化交易流程及允許客戶訂閱這類服務有關。在實施 ERP 系統方面，德勤一直都是領先者。這類系統將商業流程數位化，但是許多公司現在的目標是盡可能應用自動化流程。德勤與技術廠商合作

推出了利用 AIOps 的新業務活動，將牽涉多種交易系統的流程自動化；在過去，這些系統的運作通常需要大量人力。這類流程被劃分為個別交易，接著廠商會開發演算法，以在交易中進行智慧決策，演算法持續從經手的資料學習，最後，自動化行為將得到觸發。演算法會被包裝為個別的微服務，提供客戶訂閱。

德勤顧問開展的第三項新業務，是幫助製造業客戶將工廠智慧化。由於感測器在工廠隨處可見，製造流程的每一個步驟都會產生巨量的資料。工廠智慧化的關鍵，就是消化這些資料，並且持續使用演算法分析與改善流程。加上透過智慧攝影機進行即時監控和調整，就會得到一個能進行製造、大部分自主運作，以及自我改善的系統。德勤早已是為組織實行全球供應鏈的領導者，但智慧工廠業務是另一個層級的挑戰：一個由 AI 推動、位於製造業和供應鏈流程交叉點的領域。

德勤從聚焦在顧問領域應用 AI，學到三個重要的課題，想踏上 AI 加持旅程的組織必須：

・**將目前的業務現代化**。德勤專注建構 AI 能力，是為

了在服務中應用 AI、使其現代化，如此一來，才能在現今更加智慧化的全球經濟中，為客戶提供建議、實施系統和營運流程。

- **用長遠的眼光建立業務**。正如多數成功的組織，德勤了解，必須建立能在未來十年帶來報酬的新業務。AI 策略計畫包含了多年度投資計畫、專門的領導階層、經理人員推動，而且組織上下一致，以長期利益（而非短期利益）為目標。

- **持續探索未來的可能性**。AI 策略計畫除了按照排定的流程執行，也持續與德勤顧問的各種團隊合作進行實驗，目的是找到下一個重要的構想。這方面的例子之一，就是商業應用程式的自動編寫。德勤顧問有許多專案都與某種形式的程式編寫有關，因此，該部門正在積極實驗以 AI 生成程式。由 OpenAI 所開發的變換（transformer）AI 程式 GPT-3 非常強大，不只擅長生成文字，也能生成某些類型的電腦程式。目前此能力已經成為開源工具 Codex 的核心，Codex 能將程式的英文文字敘述變換為程式碼。德勤顧問正在積極調查 Codex 在哪些情況下能提升生產力，並允許非

程式設計師生成程式碼。

這三個課題已經成為德勤顧問 AI 計畫的指導原則，未來也會持續引導其方向，推動 AI 策略、投資和領導層的焦點。顧問部門的領導者深信，如果德勤想要幫助客戶達到 AI 加持的境界，自己也必須實現 AI 加持。

AI 在風險與財務諮詢領域的應用

德勤的風險與財務諮詢部門聚焦於幫助客戶減緩各種類型的風險。在過去，他們使用過市面上的 AI 工具，協助某些客戶專案，例如自動生成反洗錢可疑活動報告。但有了 AI SGO 後，諮詢部門採取全新的 AI 策略，由伊爾凡・薩依夫（Irfan Saif）等高階主管與尼丁（德勤美國 AI 業務部門的主管之一）共同推動。這些領導者的工作是了解經理團隊的想法、推動改變，並創造必要的急迫感。新策略建立在由領先資料科學家開發的可重複使用產品之上。2020 年上任諮詢部門 AI 團隊主管的艾德・包溫（Ed Bowen）曾在製藥產業擔任遺傳資料科學家，他加快雇用具備數學和科學背景的博士級和資料科學人才。

諮詢部門 AI 團隊已經開發並交付四種產品——兩種與網路安全相關，一種能偵測醫療詐騙，一種與會計控制相關。AI 在網路安全領域有很大的發揮空間，因為該領域的資料量太大，光靠人力無法完全監控和了解，而且網路罪犯也愈來愈常運用 AI。與顧問部門一樣，諮詢部門開發了標準的 AI 平臺，並蒐集許多大規模的資料資產。在德勤的所有業務部門當中，諮詢部門對 AI 採取的路線最具研究導向，受先進演算法推動的程度也最高。一旦這個路線成功，SGO 將確保其他業務單位也採用相同的作法。

這些不同的業務領域有一個顯著的共同點，那就是都強調德勤的專業人士必須與智慧機器密切合作——擴能，而不是自動化。目前來說，絕大多數的工作依然必須由人力承擔。但在未來的某一天，或許天秤終將傾斜，變成由機器為客戶執行大部分的任務，人類只需要確保機器正常發揮，完成它們分內的工作即可。當德勤所有員工都能與 AI 系統合作時，或許就代表德勤的 AI 未來已到來。

第一資本：從分析導向組織轉型為 AI 導向組織

我們在第六章簡單提過，第一資本長久以來被視為資料

推動的金融服務組織。1994 年，第一資本從西格奈銀行（Signet Bank）分割成立，核心理念就是以資訊為導向的策略，也就是說，重要的營運和財務決策必須根據資料和分析決定。創立者李奇・費爾班克（Rich Fairbank，目前仍擔任執行長）和奈吉・莫理斯（Nigel Morris）認為，資料和分析能讓第一資本成為獨特、有效率、能獲利的信用卡發行機構。該公司使用分析了解消費者支出規律、減少信用風險，並改善消費者服務。後來，第一資本又進入零售和商業銀行的領域，建立並收購分行網路，涉足各種形式的消費者貸款。2002 年，該行任命了全世界首位資料長。[2] 長期擔任第一資本資訊長的勞伯・亞歷山大（Rob Alexander）表示：「我們運用資料和分析打造更好的消費金融服務公司。就許多意義上，我們都是第一間大數據公司。」2006 年，湯瑪斯撰寫各公司在分析方面的競爭時，第一資本是少數因為依據資料和分析制定策略而獲得版面的公司之一。[3]

然而，為了維持領先，組織不得不持續創新。2011年，銀行業面臨衝擊，第一資本做出策略性決策，將業務的許多方面翻新並現代化──從文化、營運流程，一直到核心技術的基礎架構。「我們一開始不曉得這個過程會持續這麼

多年，」亞歷山大說道：「我們的目標是能夠更快速、靈活地使用新技術服務客戶。」此次轉型的技術層面，牽涉改以更敏捷的模式交付軟體、建立大規模的工程組織與雇用上千人擔任數位職務、轉型為雲端原生並為雲端重建應用程式，以及堅持使用現代的架構標準，例如 RESTful API、微服務，還有以開源基礎建立程式。

成為 AI 導向組織

第一資本加入了全力投入 AI 組織的行列。該公司原本是成立兩個大型機器學習團隊，一個處理信用卡業務，一個在企業層級，但近期兩個團隊合併成機器學習中心（Center for Machine Learning）。資料科學家在整個銀行上下建立模型，無論是信用卡、風險、客戶服務部門，甚至連財務和人力資源等幕僚職能部門都有。第一資本也為客戶提供智慧助理伊諾，協助詐欺警示和餘額查詢等功能。公司的經理人員表示，機器學習和 AI 的焦點不只有信用決策（信用卡發行機構最典型的 AI 應用），還包含客戶互動與營運的所有層面。誠如資訊長勞伯・亞歷山大所說：「每一次做決策時，都是運用機器學習的機會——要向哪些客戶行銷、要提供他

們哪些產品、與客戶的關係有哪些條件、要提供什麼獎勵、制定多高的支出限制，以及如何偵測詐欺等。」

第一資本的目標是提供最順暢的體驗，能預期客戶需求、在需求出現前便提供正確的資訊與工具，並且照顧好客戶和他們的錢財。第一資本幾乎所有業務層面都應用了 AI 與機器學習，但其轉型旅程仍未結束。

前進雲端

第一資本是如何將傳統的分析方法現代化，進而適應 AI 的世界？根據亞歷山大及其同僚的意見，這個問題的主要答案是新世代的科技。亞歷山大說，第一資本的經理人員在 2011 年前後，試圖重新定義銀行的未來。當時關鍵技術的成本大幅下跌，數位通路吸引了客戶，產生比過去更大量的資料，而且讓深入了解客戶成為可能。雲端提供了大規模處理資料的能力，並且能更輕鬆地整合各類異質資料。亞歷山大和同僚得到一個結論：IT 組織不需要繼續開發基礎架構解決方案，而是應該聚焦開發優秀的軟體和業務能力來服務客戶。

將資料搬遷到雲端就是此一思維帶來的重大成果，而且

雲端成為第一資本 AI 工作的重要催化劑。他們一開始採用資料中心的私有雲，但後來觀察到亞馬遜網路服務公司的發展，亞歷山大認為自己的組織永遠無法與 AWS 的規模和韌性競爭。採用由軟體推動、可大規模擴展並立即部署的雲端儲存和運算能力，能讓第一資本獲得極大的效益。創新的機器學習工具和平臺，可於 AWS 和其他公用雲（public cloud）上取得。簡單來說，搬遷到雲端讓該行可以採用新世代的技術，不只是 AI，還有行動和數位客戶體驗。2020 年，第一資本關閉最後一個資料中心，將所有應用和資料都搬遷到 AWS 的公用雲上。[4]

雲端如此重要的原因之一，是第一資本正在轉型為即時串流資料的環境。麥克・伊森（Mike Eason）是第一資本的元老，目前擔任企業資料、機器學習與企業工程資訊長，他表示，與過去聚焦於分析的時期相比，資料的數量和速度是最大的差異。他曾在訪談中說道：「我們在 1990 年代使用的模型大多建立在批次資料（batch data）之上，像是每月或每週資料，頻率最高只到每晚資料。現在，我們握有來自網路和行動交易、ATM、信用卡交易等的大量串流資料，我們必須即時分析，才能滿足客戶的要求並防止詐騙發生。我

們還是會使用資料湖泊儲存資料，但愈來愈常在收到資料時就進行即時分析。」

帶領第一資本機器學習中心（C4ML）的阿布希吉・伯斯（Abhijit Bose）補充道：「我們正在成為一家即時決策公司。李奇・費爾班克經常提到這件事。第一資本原本由分析所推動，後來轉型為資料和雲端公司，現在的焦點則是即時決策。模型分析和即時資料，推動銀行內部所有職能部門和流程。」

第一資本的轉型旅程涵蓋範圍相當廣泛，對 AI 的重視僅是其中一部分，但的確是最重要的環節之一。第一資本的領導層（從創辦人李奇・費爾班克開始）都相信在不遠的未來，經濟領域的贏家將會是具備傳統銀行能力（尤其是風險管理）的科技公司。在龐大的資料庫和即時 AI 的協助之下，費爾班克的獨特遠見：銀行的所有工作都可以根據資料和分析完成，已然成真，甚至被向前推進。勞伯・亞歷山大認為，第一資本仍處於向技術密集銀行廣泛轉型的初期，AI 決策則是轉型的核心。

第一資本目前的 AI 發展重點

在銀行內部大規模應用機器學習,是第一資本的一大焦點;機器學習模型幾乎遍布所有重要的業務流程,而且也持續建立更多模型,並改善既有的模型。舉例來說,第一資本最近的焦點是運用 AI 打擊信用詐騙、為客戶開發個人化獎勵優惠,以及偵測 ATM 詐騙。該行正在改良伊諾,以提供更好的建議,幫助客戶改善財務生活。此外,也會預測客戶在線上和聯絡客服中心時的活動和需求。

C4ML 的主管伯斯曾任職於多家先進的 AI 公司,資料科學家有博士學位不稀奇,但伯斯有兩個博士學位——工程力學博士和電腦科學與工程博士。他在訪談中解釋,雖然第一資本依然使用某些傳統分析方法,但其目標是盡可能讓模型從資料中學習(即機器學習)。大規模實施機器學習是伯斯和 C4ML 關注的重點,採取的方法包括標準化平臺、民主化、功能與演算法資料庫,以及大規模的雇用和訓練。

目前,第一資本在開發一個能長期協助開發、部署和維護銀行模型所有層面的機器學習平臺(已有上千種模型投入日常使用)。目標之一,就是避免銀行內的資料科學家用十種不同的方式,做著同一件事情。這樣才能增加效率、改善

效果和工作滿意度。此平臺協助開發具備各種資料庫和工作流程自動化的模型，包括功能資料庫和自動化機器學習工具。此外，平臺的工具也能捕捉並儲存模型訓練與執行的資訊，例如參數和結果，而且捕捉和儲存的方式可以重複、搜尋，讓使用者得以審查、重製模型。這些資訊也能夠幫助銀行驗證和部署模型。一旦進入生產階段，就會使用 MLOPs 工具和方法，定期檢查模型的浮動狀況，並在必要時重新訓練模型。某些案例中（例如智慧助理伊諾），重新訓練會自動進行。其他情況下，則是由銀行的模型監管部門進行人工監督。

伯斯表示，即使是在負責任 AI 的領域（C4ML 聚焦的一大重點），第一資本也希望盡可能擴大規模、將流程自動化。他們想把可解釋性、公平性和道德考量編寫為機器學習平臺內部的目標，藉以將這些考量的效果最大化。可解釋性程式資料庫和自動化偏誤偵測程式，會是平臺的兩個要素。只要幾行程式碼，就能啟動偏誤偵測資料庫，其發現將會被加總並附加至給模型風險主管的信件中。

第一資本也大量雇用 AI 人才——雇用了上千名機器學習和相關領域的軟體工程師。2021 年，還開發一門長達一

百六十個小時的內部訓練課程，提供給先前在行內擔任其他職位的機器學習工程師；伯斯表示這門課程得到員工非常正面的迴響，目前正在訓練第一批員工。C4ML 和人資職能部門近期也為機器學習工程師新增一項職務類別，內容包括職涯成長、薪資報酬和招募新員工的廣告，加入其他已存在的職務類別，像是資料科學家、研究科學家和資料工程師。第一資本在七所美國大學設有育成中心或實驗室，並打算進一步擴大其生態系。未來，這些大學的教職員或許能利用六個月的學術休假，到第一資本研究機器學習計畫。

　　資訊長亞歷山大提出並回答了一個關鍵問題：「為什麼傳統銀行業還沒有遭到科技公司的衝擊？這是很可能發生的事情，但我們現在有機會在自己的產業掀起波瀾。」確實，第一資本從科技公司雇用許多最優秀、最聰明的 AI 人才。伯斯曾擔任臉書的高階 AI 職位，而 AI 與機器學習產品部門的執行副主席羅伯・普西亞尼（Rob Pulciani），最早則是在亞馬遜帶領 Echo／Alexa 業務的經理人員之一。顯然，第一資本的領導層不想在科技採用、資料管理和機器學習方面落後任何人，以開發能嘉惠客戶的相關應用。該行過去是分析領域的佼佼者，如今在 AI 領域力爭上游，堪稱公司轉型的

典範。

◎ CCC 智慧解決方案：從資料導向組織轉型為 AI 導向組織

公司全力投入 AI 的第三條路徑，是透過利用龐大的資料資產和商業生態系。你可能不知道有一間 AI 密集的中型公司，正在利用先進科技協助汽車保險公司。但如果你出過車禍，需要大規模維修，就很可能曾經受惠於這間公司的資料、生態系和 AI 決策。CCC 創立於 1980 年，原名為認證擔保公司（Certified Collateral Corporation）。該公司一開始創立的目的，是為保險公司提供汽車估價（擔保）資訊，以確立車輛失竊或受損時的損失價值。1986 年，該公司改名為 CCC 資訊服務（CCC Information Services），接著在 2021 年改名為 CCC 智慧解決方案，以反映其客戶服務對 AI 的使用。

四十多年來，CCC 逐漸演變，蒐集和管理的資料愈來愈多、與更多的汽車保險業業者建立關係，並且愈來愈常透過資料、分析和 AI 進行決策。過去二十三年來，該公司由先前擔任技術長的吉瑟希・拉瑪墨西領導。CCC 成長穩

健,年營收接近七億美元。與本書提到的大多數公司相比,CCC 只是中型公司,卻提供了一個很好的範例,說明各種規模的公司都能在業務中積極採用 AI。

從資料到 AI

有些公司將 AI 能力建立在掌握的大量資料上,CCC 正是其中之一。CCC 機器學習模型的基礎,是總額超過一兆美元的歷史索賠資料、數十億張影像,以及關於汽車零件、維修廠、車禍傷勢、法規和許多其他實體的資料。該公司還掌握了超過五百億英里的車載資訊系統,以及物聯網感測器資料。CCC 提供資料給三百多家保險公司、兩萬六千多家維修廠、三千五百多家零件供應商,以及所有主要的汽車代工廠,近來更是愈來愈常幫忙進行決策。其目標是將各式各樣的組織串連成順暢無縫的網路,以便快速、有效率地處理索賠。所有交易都在雲端進行,CCC 的系統早在 2003 年就搬遷到雲端;透過雲端連結了三萬家公司、五十萬名個人使用者,以及價值一千億美元的商業交易。

CCC 將 AI 應用在業務的許多層面,在一場對投資人的報告中,描述了根據 AI(包括部分根據 AI)為客戶執行的

各種決策,包括:

- 在所有聯絡得上的網路成員當中,應該找誰參與這個特定事件?
- 當地適用的費率或價格為何?
- 當地適用的法規為何?
- 當地的〔碰撞修復〕供應商中,誰的表現最好?
- 本次確切的車輛損害狀況為何?維修過程需要什麼?
- 是否有人員受傷?傷勢為何?
- 解決爭端的準確成本為何?

這些決策可以透過規則式系統和機器學習共同進行。即使是規則式系統做出的決策,也會利用該公司廣泛的資料庫。早在超過十五年前,CCC 就著手開發其第一個規則式決策系統(當時稱為專家系統)。

維修流程中有許多階段都會使用到 AI。舉例來說,一開始,維修流程通常會在首次損失通知(first notice of loss,FNOL)發出時啟動,也就是保險公司首度聽聞被保險車輛碰撞、遭竊或受損時。此時,AI 可以開始在不同的工作步

驟中做選擇。車載資訊系統資料可以用來加速首次損失通知的發出速度，不需等待客戶回報。機器學習模型可以預測車輛是否有辦法修復，或是該完全報廢；對保險公司來說，這是非常重要、昂貴的決策。

　　CCC 的模型取代了紙本核對清單，不只速度更快，準確度也提升了 4 到 5 倍。接著，CCC 的 AI 系統能評估特定的狀況最適合交給哪一間維修廠處理、被保險的駕駛和乘客所受的傷勢可能有何影響，以及索賠流程的參與者是否有詐欺行為。一名保險公司的經理人員告訴我們，CCC 帶來的最大挑戰是，他們必須想辦法不把整個索賠流程交給 CCC 處理。

邁向影像評估的漫漫長路

　　要說明 CCC 如何從資料導向企業轉型為 AI 導向企業，最好的方法或許是敘述其透過車輛影像評估碰撞修復自動化（或至少半自動化）的過程。該公司成立以來，已經累積了數十億份影像，但大部分的時間裡，都是由理算員使用這些影像來評估、記錄損害。此外，CCC 成立以來的大部分時間，這些影像都是由理算員在車輛受損的現場，或是在

維修廠拍攝。這些照片必須使用具備特殊顯示卡的專業相機，來儲存和傳送影像。

將近十年前，拉瑪墨西注意到業餘相機的高速發展，甚至有智慧型手機開始搭載這類相機。他想像未來的車主能自己拍攝車輛受損情形的照片。他要求公司當時的首席科學家評估該願景的可能性，並與領先大學的多名教授聯絡，請他們協助探索這個問題。過了一陣子，拉瑪墨西得知，利用 AI 進行影像分析的新方法——深度學習神經網路，只要有足夠的訓練資料，這項技術有時能與人類並駕齊驅，甚至更優秀。CCC 意識到圖形處理器（GPU）顯然能高速分析影像，於是向輝達（當時唯一的供應商）購買了一些。GPU 與傳統的中央處理器（CPU）不同，能將數學問題拆解成更小的問題，同時分別運算，CPU 需要數天、數個月甚至數年的運算，GPU 只要幾個小時，甚至幾分鐘就能完成。

拉瑪墨西最後判斷，他想像的影像分析解決方案確實可能實現。他召集了一群優秀的資料科學家，研究出如何將影像套疊到不同車輛的結構上，並在照片標註或進行分類，以訓練模型。CCC 握有數十億張照片，以及高達一兆美元的索賠金額，可以用來訓練模型。到了 2018 年，該團隊研發

出一些優秀的原型，可以在公司的研究實驗室中運行，但他們的挑戰是將解決方案整合到 CCC 和客戶的工作流程當中。要開發能應用於所有車輛、客戶和各種類型維修工作的生產系統，是令人望而生畏的任務。這個系統還必須包含界定何時該使用或不該使用的明確門檻，以及針對 AI 演算法的防護機制。

CCC 的產品長雪凡妮・葛威爾（Shivani Govil）表示，解決這些問題又花了三年左右的時間。這個系統也要求使用者必須具備某些基礎構件。舉例來說，葛威爾說：「AI 推動的影像評估，需要能透過行動裝置捕捉資料和高解析度照片的行動解決方案。」到了 2021 年中，該系統已經準備好進行生產部署。最早的客戶包含聯合服務汽車協會（USAA）。USAA 財產和事故部門的總裁吉姆・賽凌（Jim Syring），在《華爾街日報》（*Wall Street Journal*）一篇有關採用該系統的文章中發表評論：「這是我們首次使用 AI 軟體進行端到端的汽車保險評估。」他還將這個新平臺稱為 USAA 第一個完全無接觸的索賠服務。[5]

這些功能並不是為了取代人類，而是協助使用者做更多事，並抱持同理心與客戶互動，或者專注在無法完全靠 AI

解決的困難案件。

資料與 AI 的未來用途

　　資料會持續流入 CCC，用以改善評估和其他模型的預測。這將能幫助 CCC 的客戶做出更好的決策，進而為 CCC 帶來更多業務。更多資料／更好的模型／更多業務／更多資料的良性循環，就是讓 CCC 的生態系，在結合 AI 後變得如此強大的原因。

　　該公司持續成長，並對人才進行投資，以掌握在索賠生命週期中運用 AI 和資料科學技術的優勢。近期才加入 CCC 的葛威爾有企業軟體和 AI 技術的背景，而 CCC 正積極招募能結合技術領導和垂直產業深度的人才。葛威爾解釋，這個產業處於一個令人興奮的時期，因為數位轉型、連網車輛資料和 AI，為整個保險生態系創造成長機會和新的工作方式，而這正是吸引她加入 CCC 的關鍵因素之一。

　　影響汽車保險業的科技進展，不只是更有效的照片和影像分析。已經有許多汽車和卡車搭載進階駕駛輔助系統（ADAS），而各界也相信自駕車很快就會問世。愈來愈多保險業者採用以駕駛行為作為基準的「開車才付保險」（payas-you-drive insurance）。

同樣地，CCC 從資料出發，最終將其應用於決策。該公司推出了一項名為 CCC VIN Connect 的服務，能夠捕捉事故車輛中的任何 ADAS 設備，以及該車輛所記錄的駕駛行為。拉瑪墨西表示，CCC 計畫在自駕車問世後，向保險公司提供能針對肇事者或肇事原因提出見解的解決方案。當然，由於自駕車的許多技術細節尚未明朗，CCC 想為保險業者規劃和開發這種系統，必須付出長期技術投資，與當初開發碰撞修復自動化影像辨識系統時一樣。

Well：從零開始的 AI 加持新創公司

我們要討論的最後一個案例並非後來才採用 AI，而是創立之初就以 AI 為核心的新創公司。到目前為止，本書的重點是傳統公司在採用 AI 時，如何協調既有的技術、流程和策略。新創公司要建立 AI 能力通常比較容易，所以我們先前才沒有探討這個主題。那麼，為何要在本書結尾介紹一間新創公司呢？

理由不只一個。首先，AI 新創公司的經歷，可以與傳統公司必須經歷的過程互相對照，讓讀者了解：要在大型傳

統組織執行大規模變革，難度可能非常高。閱讀 AI 優先新創公司的經驗後，某些傳統公司可能會想直接創設獨立的業務單位，以此為起點來擴大 AI 的採用。他們也可能會收購已成功建立 AI 系統、業務流程或新營運模型的新創公司。

討論這間新創公司還有另一個原因，那就是該公司著重的焦點。我們在前面的章節討論過那些主要專注於使用 AI 改變客戶行為的公司，但大多數公司都還沒有太多進展。本章要討論的新創公司，其焦點則是多管齊下影響健康行為。最後一個原因是，這間新創公司的董事長、執行長兼創始人蓋瑞・洛夫曼（Gary Loveman），在過去任職的公司累積了許多分析與 AI 的經驗，而且對於傳統與新創公司環境的差異有一些有趣的看法。

這間公司就是行為醫療新創公司 Well。洛夫曼曾任哈佛商學院教授和哈拉斯酒店（Harrah's，後來改名為凱薩娛樂〔Caesars Entertainment〕）的執行長，擔任凱薩娛樂執行長時，他以支持在業務中廣泛使用分析而聞名。離開凱薩娛樂後，他到一間大型醫療保險公司帶領新的業務單位，聚焦於使用資料、分析和 AI 改變客戶健康。由於修改既有系統和流程並不容易，他發現建立新的服務相當困難。舉例來

說，光要蒐集公司會員的手機號碼和電子信箱地址，並加入公司的資料庫——這是定期提供健康相關通訊的前提——就必須斥資三千萬美元更換系統。最後，他任職的保險公司遭到收購，新的老闆對洛夫曼帶領的業務單位沒什麼興趣，於是他決定離職，自己建立公司。

Well 的目標是提升客戶的健康水準，而不是等到他們生病才提供治療。截至本書寫作的當下，該公司僅成立一年多的時間，但已經從創投公司和其他投資人募得超過六千萬美元的資金。洛夫曼表示，多數健康保險公司的疾病管理方案中，70％的照護和成本都集中在 5％的會員身上，但 Well 的服務對象是健康狀況各異的所有會員。該公司與雇主、社區醫療組織和客戶合作，讓人們關注自己的健康狀況，並提供來自 AI 和真人的建議，以協助改善健康。

Well 的基本概念與宏利、平安，以及其他和 Vitality（第五章提過這家健康公司）合作的大型保險公司相似，但 Well 提供的建議和行為提醒更加個人化。其他公司提供籠統的運動和營養提醒時，Well 可能會推薦針對某種病症的特定預防措施、診斷測驗、睡眠建議，或是有關減少糖分攝取的建議。與其他同領域的公司一樣，Well 也會提供獎勵，只是

個人化程度更高。比較順從指示的會員（按時服藥、赴約看診等），在展現健康行為時得到的獎勵較少，而順從度評分較低的會員得到的獎勵則較多。

模型的資料與訓練

　　Well 使用機器學習強化個人化建議，當然，這些模型也必須靠資料訓練。Well 的資料大多來自保險索賠，還有某些會員的電子醫療紀錄。索賠資料通常會在事件三個月後才出爐，但 Well 使用會員對問題的主觀回答，以及對應用程式的反饋作為補充。在某些情況下，Well 還能從會員的智慧型手錶等裝置蒐集資料。必要時，Well 也會要求會員在簡短的問卷中描述自身健康狀況，就跟病患在急診室必須填寫問卷一樣。

　　近期有一項監管變革允許消費者要求三年內的保險索賠資料，Well 會協助向保險公司取得這些資料的流程。接著，消化這些資料，並將會員的健康狀況與類似族群的其他個人進行比較。

　　Well 的技術長奧茲・艾塔曼（Oz Ataman）告訴我們，其模型本身混合了傳統的預測性機器學習，以及另類情境下

反事實預測的因果效應推論。[6] Well 等於是針對各種長期醫療干預措施提出建議，因此必須安排一系列最可能促使會員做出理想行為的臨床內容訊息，從建議、相關文章，到為期二十一天的歷程都有。這些複雜的模型組合還需要搭配一組定義明確的臨床路徑，以及針對常見健康狀況的照護干預措施歷程。

Well 開發了各種臨床路徑（總共二十到三十種），領域擴及血壓、糖尿病、行為／心理健康、高血壓、睡眠障礙等。艾塔曼指出，比起規律偵測，該公司主要的 AI 能力是個人化；了解每個會員接受的照護（臨床或自我照護）之間有何差異，並根據差異提供最有可能導向理想行為結果的臨床內容。

要開發和部署模型，Well 需要雇用一群優秀的人才。舉例來說，由資料科學家組成的團隊負責建立機器學習模型。由醫師、護理師和藥劑師組成的臨床團隊負責開發臨床路徑和歷程，並為會員彙整或建立醫療照護內容。獎勵和誘因團隊負責思考什麼樣的獎勵能鼓勵健康的行為，產品團隊開發網站和行動使用者介面。而且大部分的員工都是電腦工程師，負責建立應用程式。Well 的員工總共有一百名左

右，遍布在世界各地。

新創公司與傳統公司

　　洛夫曼的處境很特殊，他曾帶領一家大型上市公司，又擔任過另一間公司的部門主管，現在則是領導新創公司。他表示在先前公司的職位，重大系統與流程變更充滿了挑戰性，但是在 Well，他的團隊能以最先進的模組化程式建立新軟體，無論是否應用 AI 都一樣。他們可以輕鬆建立應用程式介面（API），與必須互動的任何其他系統連結。脫離傳統公司，就代表脫離了舊有的系統。

　　他表示執行長在新創公司扮演的角色很不同。他說道：

> 在大公司，員工會負責所有的工作——你不必自己動手做，但現在我幾乎什麼都必須自己來。現在，我交際的對象不是州長和參議員，而是底下的工程師。我事必躬親，實際參與業務的實質內容，包括技術的部分。
>
> 我在成立公司前做了很多研究，確保技術和商業模式可行。我深信透過團體支持、個人化關懷、頻繁

接觸和提供誘因,能對罹患高血壓、糖尿病、體重問題和其他病症的患者有所幫助。我們的努力已經在上千人身上發揮成效,但我們希望將來能有更多人因此獲益。

艾塔曼曾在凱薩娛樂和其他大型公司與洛夫曼共事,他也提到,多數傳統公司的系統最初建置的目的都是記錄交易。相反地,Well 則是一開始就以「預測哪些提醒能將會員導向理想的健康行為變化」為出發點,來建立系統。這種產品設計非常不同,而且除非把它視為組織的主要目標,否則很難實現。

這些 AI 旅程帶來的啟示

其他組織可以從這些公司的 AI 旅程中,學到很多重要的課題。以下將描述其中一些課題,作為本書的結尾。

- **了解你想靠 AI 達成的目標**。上述每間公司對於想以 AI 達成什麼業務目標,都有明確的想法。德勤想減少專業人士負責的沉悶工作,並改善服務的品質。第

一資本想要為客戶減少摩擦,讓跟銀行打交道變得更簡單。CCC 聚焦為汽車保險公司及其客戶,在經歷汽車損害時減少行政負擔。Well 則是使用 AI 幫助客戶從事健康的行為。當然,這些公司都想利用 AI 在財務上獲取更大的成功,然而光有財務目標,不足以讓他們辨別和發展 AI 使用案例。

- **從分析起步**。這些公司絕大多數在投入發展 AI 前,就執行了重大的分析計畫。當然,身為 AI 新創公司的 Well 是例外,但是執行長蓋瑞・洛夫曼在帶領哈拉斯酒店和凱薩娛樂時,就大力倡導在分析領域提升競爭力(湯瑪斯在先前的著作中描寫過這段經歷)。我們提到的四個德勤業務單位,在投入 AI 前都已經有自己的分析活動,包括內部與面向客戶的分析。正如本章討論過的,第一資本也是在分析領域競爭的典範。而 CCC 自成立以來,就對汽車損害和修復的各種層面提供分析。當然,AI 還包含與分析無關的其他技術,例如自動化行為、機器人、元宇宙等,但任何形式的機器學習都是以分析為核心。

- **減少「技術負債」,並建立模組化、靈活的 IT 架構**。

蓋瑞・洛夫曼關於在前公司為傳統 IT 架構所困的言論發人深省。若想開發 AI 使用案例，並輕鬆地部署到 IT 架構中，就需要靈活、模組化、主要透過 API 溝通（無論是對公司內部或外部）的基礎架構。在需求出現之前準備好這種 IT 架構，有可能帶來長期的報酬。若無法在傳統公司開發這種架構，你或許會想要成立新公司，或是與無須克服任何技術負債的新創公司合作。

- **將某些資料和 AI 應用遷至雲端**。本章和其他章節提到的許多組織（包括第一資本和 CCC）都將採用 AI 的成功，歸因於把資料遷至雲端。雖然有時為了滿足監管規定或系統反應能力，公司必須設置在地系統，但將資料儲存在雲端，通常表示更容易建立能提取各種資料來源的 AI 應用。公司有在地的資料孤島，代表資料科學家必須花費大量的時間，試圖存取和整合資料。

- **思考如何將 AI 整合到員工和客戶的工作流程中**。缺乏彈性的業務流程可能跟傳統 IT 架構一樣，令人綁手綁腳。本章提到的所有公司都努力將 AI 能力整合

到員工或客戶的日常工作流程中。德勤對審計業務進行的「簡化與標準化」，是改善流程的其中一種方法；我們提到的其他公司（例如殼牌）則是重啟業務流程改革，以引領更激進的流程變革。

- **整頓一些資料資產**。對銀行業等產業來說，資料通常不會造成問題，但對本章提到的其他組織來說，其 AI 策略大多由他們所蒐集的資料推動。整合來自客戶交易系統的資料，有可能是德勤的 AI 旅程中最困難的關卡。CCC 最早的商業模式就開始蒐集資料，因此能順利地轉型到 AI 商業模式。Well 的商業模式是在一次監管變革，讓客戶有辦法取得自己的健康保險索賠資料後，才化為可行。

- **建立 AI 治理與領導結構**。德勤對 AI 投資與治理採用的策略計畫結構，為其多樣的專業服務業務單位提供了額外的幫助。整體而言，由傑森·格薩達斯帶領德勤，將 AI 整合到專業服務業務中。第一資本、CCC 和 Well 的執行長都長期關注資料、分析和 AI，並確保這些技術能成功應用至策略和商業模式中。

- **成立 AI 卓越中心並聘請工作人員**。本章和其他章節

提到的所有 AI 導向公司都深知，想在旅程中獲得成功，就需要大量的 AI、資料工程和資料科學人才。德勤培育人才資源，提供給內部及其顧問客戶使用。第一資本有大量的資料科學家和機器學習工程師。CCC 有關聯緊密的資料科學與資料工程團隊。Well 的資料工程師對開發建議和獎勵模型至關重要。

- **做好投資的準備**。AI 能力所費不貲，本章提到的公司都投入了大量資金。德勤為了 AI 專案建立特殊的投資工具。第一資本下重本投資機器學習平臺、能力和人才。CCC 於 2021 年上市，計畫投資十億美元在為客戶提供的 AI 和資料能力上。Well 籌得的六千五百萬美元，大部分都花在 AI 和系統能力。

- **與生態系合作**。我們提到的一些公司，具備生態系商業模式，例如 CCC。但所有公司都與商業夥伴密切合作。德勤與輝達等 AI 技術夥伴的關係很穩固。第一資本與其雲端合作夥伴──亞馬遜網路服務公司，以及外部服務廠商組織密切合作。CCC 擁有由保險公司、維修廠、零件供應商和其他公司組成的健全生態系。Well 則是與保險公司、社群健康組織和雇主

合作。此外,如今公司若無法與技術夥伴建立穩固的關係,就不可能在 AI 領域獲得成功。就如我們先前提到的,目前最有效的 AI 商業模式,都是建立在生態系和平臺之上。

- **建立橫跨整個組織的解決方案**。對中小型公司來說,AI 解決方案應該適用於整個組織是理所當然的事。但對大型企業而言,情況並非總是如此。然而,德勤和第一資本證明了擴及整個組織的作法,有相當多的好處,包括不同的業務單位和職能部門能使用同樣的解決方案、建立更順暢的客戶體驗,並且提供 AI 開發人員參與各種類型專案的機會。擴及整個組織的 AI 治理結構和卓越中心,將能提升這種廣泛方法的可行性。

這些公司在追求 AI 轉型過程中學到的課題,可以幫助任何組織往相同的方向邁進。我們認為,在有策略、大規模實施的前提下,AI 將會是決定未來所有公司成敗的關鍵。資料正在快速增加,這種趨勢會持續下去。AI 是理解大規模資料,並在組織層級做出明智決定的手段,這點也不會改

變。AI 將繼續發展，而那些積極、明智應用 AI 的公司，很可能在接下來的幾十年會稱霸業界。

註釋

前言

1. 皮查伊完整演講的逐字稿請見 *The Singju Post*, May 18, 2017, https://singjupost.com/google-ceo-sundar-pichais-keynote-at-2017-io-conference-full-transcript/

2. Jack Clark, "Why 2015 Was a Breakthrough Year in Artificial Intelligence," *Bloomberg*, December 8, 2015, https://www.bloomberg.com/news/articles/2015-12-08/why-2015-was-a-breakthrough-year-in-artificial-intelligence

3. Ash Fontana, *The AI-First Company: How to Compete and Win with Artificial Intelligence* (London: Portfolio, 2021)

4. Thomas H. Davenport, "The Future of Work Now: Intelligent Mortgage Processing at Radius Financial Group," *Forbes*, May 4, 2021, https://www.forbes.com/sites/tomdavenport/2021/05/04/the-future-of-work-now-intelligent-mortgage-processing-at-radius-financial-group/?sh=71bfdec2713a

5. 關於範圍表現的更多細節請見 Davenport, "The Future of Work Now."

6. 空中巴士網頁,https://www.airbus.com/en/innovation/industry-4-0/artificial-intelligence,2021 年 12 月 27 日存取。

7. 平安科技網頁,https://tech.pingan.com/en/,2021 年 12 月 27 日

存取。
8. 範例請見 Thomas H. Davenport, "Competing on Analytics," *Harvard Business Review*, January 2006, https://hbr.org/2006/01/competing-on-analytics，或 Thomas H. Davenport and Jeanne Harris, *Competing on Analytics: The New Science of Winning* (Boston: Harvard Business Review Press, 2007; updated and with a new introduction 2017)
9. 德勤是指英國私人擔保有限公司 Deloitte Touche Tohmatsu Limited（DTTL）、其成員公司組成的網路，以及相關實體中的一家公司或多家公司。DTTL 及其每個成員公司在法律上都是獨立的實體。DTTL（也稱德勤全球）不向客戶提供服務。在美國，德勤是指 DTTL 的一家或多家美國成員公司、使用 Deloitte 名稱運作的相關實體，以及其各自的附屬公司。根據公共會計規則和條例，某些服務可能無法提供給簽證客戶。請造訪 www.deloitte.com/about 以了解有關其全球會員公司網路的更多資訊。

Chapter 1

1. Sundar Pichai, "A Personal Google, Just for You," Official Google Blog, October 4, 2016, https://googleblog.blogspot.com/2016/10/a-personal-google-just-for-you.html
2. Deloitte, "State of AI in the Enterprise" Survey, 3rd edition, 2020, https://www2.deloitte.com/cn/en/pages/about-deloitte/articles/state-of-ai-in-the-enterprise-3rd-edition.html

3. 除了另有註明處，所有聲明和引言都來自作者進行的訪問。
4. IBM Watson Global AI Adoption Index 2021, https://filecache.mediaroom.com/mr5mr_ibmnews/190846/IBM's%20Global%20AI%20Adoption%20Index%202021_Executive-Summary.pdf
5. Sam Ransbotham et al., "Winning with AI: Findings from the 2019 Artificial Intelligence Global Executive Study and Research Report," *MIT Sloan Management Review*, October 15, 2019, https://sloanreview.mit.edu/projects/winning-with-ai/
6. Deloitte, "State of AI in the Enterprise" Survey, 2nd edition, 2018, https://www2.deloitte.com/us/en/insights/focus/cognitive-technologies/state-of-ai-and-intelligent-automation-in-business-survey-2018.html
7. Thomas H. Davenport and Randy Bean, "Companies Are Making Serious Money with AI," *MIT Sloan Management Review*, February 17, 2022, https://sloanreview.mit.edu/article/companies-are-making-serious-money-with-ai/
8. Thomas H. Davenport and Julia Kirby, *Only Humans Need Apply: Winners and Losers in the Age of Smart Machines* (New York: Harper Business, 2016); also Thomas H. Davenport and Steven Miller, *Working with AI: Real Stories of Human-Machine Collaboration* (Cambridge, MA: MIT Press, 2022).
9. Thomas H. Davenport, "Continuous Improvement and Automation at Voya Financial," *Forbes*, December 9, 2019, https://www.forbes.com/sites/tomdavenport/2019/12/09/continuous-improvement-and-

automation-at-voya-financial/?sh=4f8441ac46a4

10. Deloitte, "State of AI in the Enterprise" Survey.
11. Veronica Combs, "Guardrail Failure: Companies Are Losing Revenue and Customers Due to AI Bias," *TechRepublic*, January 11, 2022, https://www.techrepublic.com/article/guardrail-failure-companies-are-losing-revenue-and-customers-due-to-ai-bias/
12. Reid Blackman, "If Your Company Uses AI, It Needs an Institutional Review Board," *Harvard Business Review*, April 1, 2021.
13. John Hagel and John Seely Brown, "Great Businesses Scale Their Learning, Not Just Their Operations," *Harvard Business Review*, June 7, 2017, https://hbr.org/2017/06/great-businesses-scale-their-learning-not-just-their-operations.
14. Zheng Yiran, "AI Strikes Note of Confidence in Arts," *China Daily*, September 23, 2019, https://global.chinadaily.com.cn/a/201909/23/WS5d882a3da310cf3e3556ce14.html

Chapter 2

1. Randy Bean and Thomas H. Davenport, "Companies Are Failing in Their Efforts to Become Data-Driven," *Harvard Business Review*, February 5, 2019, https://hbr.org/2019/02/companies-are-failing-in-their-efforts-to-become-data-driven
2. Joanna Pachner, "Choice President: Why Sarah Davis Is the Leader Loblaw Needs Right Now," *The Globe and Mail*, January 28, 2020,

https://www.theglobeandmail.com/business/rob-magazine/article-choice-president-why-sarah-davis-is-the-leader-loblaw-needs-right-now/
3. Deloitte Insights, "2021 State of AI in the Enterprise," Survey Report, 4th Edition, https://www2.deloitte.com/content/dam/insights/articles/US144384_CIR-State-of-AI-4th-edition/DI_CIR-State-of-AI-4th-edition.pdf
4. Thomas H. Davenport and Ren Zhang, "Achieving Return on AI Projects," *MIT Sloan Management Review*, July 20, 2021, https://sloanreview.mit.edu/article/achieving-return-on-ai-projects/
5. Deloitte Insights, "2021 State of AI in the Enterprise."
6. 本節摘錄 Thomas H. Davenport and George Westerman, "How HR Leaders Are Preparing for the AI-Enabled Workforce," *MIT Sloan Management Review*, March 17, 2021, https://sloanreview.mit.edu/article/how-hr-leaders-are-preparing-for-the-ai-enabled-workforce/
7. J. Loucks, T. Davenport, and D. Schatsky, "State of AI in the Enterprise, 2nd Edition: Early Adopters Combine Bullish Enthusiasm with Strategic Investments," PDF file (New York: Deloitte Insights, 2018), https://www2.deloitte.com
8. T. Cullen, "Amazon Plans to Spend $700 Million to Retrain a Third of Its US Workforce in New Skills," CNBC, July 11, 2019, https://www.cnbc.com/2019/07/11/amazon-plans-to-spend-700-million-to-retrain-a-third-of-its-workforce-in-new-skills-wsj.html

9. Wei-Shen Wong, "DBS Bank Grows Its Team of Data Translators," Waters Technology, July 29, 2019, https://www.waterstechnology.com/data-management/4456596/dbs-bank-grows-its-team-of-data-translators

10. "JPMorgan Chase Makes $350 Million Global Investment in the Future of Work," JPMorgan Chase press release, March 18, 2019, https://www.jpmorganchase.com/news-stories/jpmorgan-chase-global-investment-in-the-future-of-work

11. Erik Brynjolfsson, Tom Mitchell, and Daniel Rock, "What Can Machines Learn, and What Does It Mean for Occupations and the Economy?" *AEA Papers and Proceedings*, May 2018, pp. 43–47, https://www.aeaweb.org/articles?id=10.1257/pandp.20181019

12. Davenport and Westerman, "How HR Leaders Are Preparing for the AI-Enabled Workforce."

13. Thomas H. Davenport, "Building a Culture that Embraces Data and AI," *Harvard Business Review*, October 28, 2019, https://hbr.org/2019/10/building-a-culture-that-embraces-data-and-ai

Chapter 3

引言：來自 Alex Connock and Andrew Stephen, "We Invited an AI to Debate Its Own Ethics in the Oxford Union—What It Said Was Startling," *The Conversation*, December 10, 2021, https://theconversation.com/we-invited-an-ai-to-debate-its-own-ethics-in-the-oxford-union-what-it-said-was-startling -173607

1. Sam Ransbotham et al., "The Cultural Benefits of Artificial Intelligence in the Enterprise," *MIT Sloan Management Review Report*, November 2, 2021, https://sloanreview.mit.edu/projects/the-cultural-benefits-of-artificial-intelligence-in-the-enterprise/
2. Steven LeVine, "Our Economy Was Just Blasted Years into the Future," Medium website, May 25, 2020, https://marker.medium.com/our-economy-was-just-blasted-years-into-the-future-a591fbba2298
3. Roberto Baldwin, "Self-Driving Cars Are Taking Longer to Build than Everyone Thought," *Car and Driver*, May 10, 2020, https://www.caranddriver.com/features/a32266303/self-driving-cars-are-taking-longer-to-build-than-everyone-thought/
4. Thomas H. Davenport, "Getting Real about Autonomous Cars," MIT Initiative on the Digital Economy blog post, April 3, 2017, https://ide.mit.edu/insights/getting-real-about-autonomous-cars/
5. Job description for "Research Scientist, Machine-Assisted Cognition," Toyota Research Institute, https://www.simplyhired.com/search?q=toyota+research+institute&job =IKITbaYj1djMYyHDHXyGr-9sbM2sxZvZ5eCw4DFFo2fIRUkQGllRXw，2021年8月2日存取。
6. "Toyota Research Institute Bets Big in Vegas on 'Toyota Guardian' Autonomy," Toyota press release, January 7, 2019, https://pressroom.toyota.com/toyota-research-institute-bets-big-in-vegas-on-toyota-guardian-autonomy/

7. James Burton, "The World's Top-10 Wealth Management Firms by AUM," Wealth Professional website, May 5, 2021, https://www.wealthprofessional.ca/news/industry-news/the-worlds-top-10-wealth-management-firms-by-aum/355658
8. 範例請見 https://www.forbes.com/sites/barrylibert/2019/10/29/platform-models-are-coming-to-all-industries/?sh=4ccb418962e7
9. 有關生態系更細節的描述請見 Arnoud De Meyer and Peter Williamson, *The Ecosystem Edge* (Palo Alto, CA: Stanford Business Books, 2020)
10. C3.ai, "Shell, C3.ai, Baker Hughes, and Microsoft Launch the Open AI Energy Initiative, an Ecosystem of AI Solutions to Help Transform the Energy Industry," C3.AI press release, February 1, 2021, https://c3.ai/shell-c3-ai-baker-hughes-and-microsoft-launch-the-open-ai-energy-initiative-an-ecosystem-of-ai-solutions-to-help-transform-the-energy-industry/
11. Dan Jeavons and Christophe Vaessens, "Q&A: What Does Open AI Mean for Energy Production?" Shell website, March 24, 2021, https://www.shell.com/business-customers/catalysts-technologies/resources-library/ai-in-energy-sector.html
12. Diabetes Prevention Program Research Group, "Reduction in the Incidence of Type 2 Diabetes with Lifestyle Intervention or Metformin," *New England Journal of Medicine* 346, no. 6 (February 7, 2002), https://www.nejm.org/doi/10.1056/NEJMoa012512

13. "Kroger Using Data, Technology to 'Restock' for the Future," *Consumer Goods Technology*, October 17, 2017, https://consumergoods.com/kroger-using-data-technology-restock-future
14. Kroger Investor Conference, October 11, 2017, https://s1.q4cdn.com/137099145/files/doc_events/2017/10/1/Presentation.pdf
15. Russell Redman, "Kroger to 'Lead with Fresh, Accelerate with Digital,'" *Supermarket News*, April 1, 2021, https://www.supermarketnews.com/retail-financial/kroger-lead-fresh-accelerate-digital-2021
16. Ocado Group 網頁, "About Us: What We Do, How We Use AI," https://www.ocadogroup.com/about-us/what-we-do/how-we-use-ai，2021 年 12 月 26 日存取。
17. 範例請見 Sinan Aral, *The Hype Machine: How Social Media Disrupts Our Elections, Our Economy, and Our Health—and How We Must Adapt* (New York: Crown, 2021)
18. Progressive Insurance, "Telematics Devices for Car insurance," Progressive website, https://www.progressive.com/answers/telematics-devices-car-insurance/，2022 年 3 月 24 日存取。

Chapter 4

1. Thomas H. Davenport, Theodoros Evgeniou, and Thomas C. Redman, "Your Data Supply Chains Are Probably a Mess," *Harvard Business Review*, June 24, 2021, https://hbr.org/2021/06/data-management-is-a-supply-chain-problem

2. Katherine Noyes, "AI Can Ease GDPR Burden," Deloitte Insights for CMOs, *Wall Street Journal*, June 4, 2018, https://deloitte.wsj.com/articles/ai-can-ease-gdpr-burden-1528084935

Chapter 5

1. Anthem Corporate and Social Responsibility Report, "Becoming a Digital-First Platform for Health," 2020, https://www.antheminc.com/annual-report/2020/becoming-a-digital-first-platform-for-health.html
2. 範例請見 Thomas H. Davenport, "The Future of Work Now: Ethical AI at Salesforce," *Forbes*, May 27, 2021, https://www.forbes.com/sites/tomdavenport/2021/05/27/the-future-of-work-now-ethical-ai-at-salesforce/?sh=16195cd53eb6
3. Margaret Mitchell et al., "Model Cards for Model Reporting," paper presented at FAT*'19: Conference on Fairness, Accountability, and Transparency, January 2019, arXiv:1810.03993.
4. Isabel Kloumann and Jonathan Tannen, "How We're Using Fairness Flow to Help Build AI That Works Better for Everyone," Facebook blog post, March 31, 2021, https://ai.facebook.com/blog/how-were-using-fairness-flow-to-help-build-ai-that-works-better-for-everyone/
5. Shirin Ghaffary, "Google Says It's Committed to Ethical AI Research. Its Ethical AI Team Isn't So Sure," *Vox*, June 2, 2021, https://www.vox.com/recode/22465301/google-ethical-ai-timnit-gebru-research-alex-hanna-jeff-dean-marian-croak

6. Paresh Dave and Jeffrey Dastin, "Money, Mimicry and Mind Control: Big Tech Slams Ethics Brakes on AI," Reuters, September 8, 2021, https://www.reuters.com/technology/money-mimicry-mind-control-big-tech-slams-ethics-brakes-ai-2021-09-08/

7. Ping An Group, "AI Ethical Governance Statement and Policies of Ping An Group," https://group.pingan.com/resource/pingan/ESG/Sustainable-Business-Integration /ping-an-group-ai-ethics-governance-policy.pdf，2021 年 12 月 21 日存取。

8. Partnership on AI 官方網頁，https://partnershiponai.org/，2022 年 3 月 24 日存取。

9. EqualAI, "Checklist for Identifying Bias in AI," https://www.equalai.org/assets/docs/EqualAI_Checklist_for_Identifying_Bias_in_AI.pdf，2021 年 12 月 21 日存取。

Chapter 6

1. Deloitte AI Institute, "The AI Dossier," 2021, https://www2.deloitte.com/us/en/pages/consulting/articles/ai-dossier.html

2. Alamira Jouman Hajjar, "Retail Chatbots: Top 12 Use Cases & Examples in 2022," AIMultiple website, February 11, 2022, https://research.aimultiple.com/chatbot-in-retail/

3. Cecelia Kang, "Here Comes the Full Amazonification of Whole Foods," *The New York Times*, February 28, 2022, https://www.nytimes.com/2022/02/28/technology/whole-foods-amazon-automation.html

4. Judson Althoff, "Orsted Uses AI and Advanced Analytics to Help Power a Greener Future," LinkedIn, March 3, 2021, https://www.linkedin.com/pulse/%C3%B8rsted-uses-ai-advanced-analytics-help-power-greener-future-althoff

5. 此一使用案例描述於 Thomas H. Davenport, "Pushing the Frontiers of Manufacturing AI at Seagate," *Forbes*, January 27, 2021, https://www.forbes.com/sites/tomdavenport/2021/01/27/pushing-the-frontiers-of-manufacturing-ai-at-seagate/?sh=3d1e524cc4f

6. Nitin Aggarwal and Rostam Dinyari, "Seagate and Google Predict Hard Disk Drive Failures with ML," Google Cloud Blog, May 7, 2021, https://cloud.google.com/blog/products/ai-machine-learning/seagate-and-google-predict-hard-disk-drive-failures-with-ml

7. Haven Life 的使用案例描述於 Thomas H. Davenport, "The Future of Work Is Now: The Digital Life Underwriter," *Forbes*, October 28, 2019, https://www.forbes.com/sites/tomdavenport/2019/10/28/the-future-of-work-is-nowdigital-life-underwriter-at-haven-life/?sh=4fc2332d6b54

8. Steven Miller and Thomas H. Davenport, "A Smarter Way to Manage Mass Transit in a Smart City: Rail Network Management at Singapore's Land Transport Authority," AI Singapore website, May 27, 2021, https://aisingapore.org/2021/05/a-smarter-way-to-manage-mass-transit-in-a-smart-city-rail-network-management-at-singapores-land-transport-authority/

9. Karen Hao, "AI Is Sending People to Jail—and Getting It Wrong," *MIT Technology Review*, January 21, 2019, https://www.technologyreview.com/2019/01/21/137783/algorithms-criminal-justice-ai/
10. Thomas H. Davenport and Rajeev Ronanki, "Artificial Intelligence for the Real World," *Harvard Business Review*, January-February 2018, pp. 108–116, https://hbr.org/2018/01/artificial-intelligence-for-the-real-world
11. National Oceanic and Atmospheric Administration, "NOAA Artificial Intelligence Strategy: Analytics for Next Generation Earth Science," February 2020, https://nrc.noaa.gov/LinkClick.aspx?fileticket=0I2p2-Gu3rA%3d&tabid=91&portalid=0
12. David F. Engstrom, Daniel E. Ho, Catherine M. Sharkey, and Mariano Florentino Cuéllar, "Government by Algorithm: Artificial Intelligence in Federal Administrative Agencies," report to the Administrative Conference of the United States, February 2020, pp. 38–39, https://www-cdn.law.stanford.edu/wp-content/uploads/2020/02/ACUS-AI-Report.pdf
13. 請見 U.S. Department of Veterans Affairs, Office of Research and Development, "National Artificial Intelligence Institute (NAII)," https://www.research.va.gov/naii/
14. Kate Conger, "Justice Department Drops $2 Million to Research Crime-Fighting AI," Gizmodo, February 27, 2018；美國司法部為該計畫的招標可見於 https://nij.gov/funding/Documents/solicitations/NIJ-

2018-14000.pdf

15. Tony Kingham, "US S&T's Transportation Security Laboratory Evaluates Artificial Intelligence and Machine Learning Technologies," Border Security Report, September 11, 2020, https://border-security-report.com/us-sts-transportation-security-laboratory-evaluates-artificial-intelligence-and-machine-learning-technologies/

16. Richard Rubin, "AI Comes to the Tax Code," *The Wall Street Journal*, February 6, 2020, https://www.wsj.com/articles/ai-comes-to-the-tax-code-11582713000

17. John Keller, "Pentagon to Spend $874 Million on Artificial Intelligence (AI) and Machine Learning Technologies Next Year," *Military and Aerospace Electronics*, June 4, 2021, https://www.militaryaerospace.com/computers/article/14204595/artificial-intelligence-ai-dod-budget-machine-learning

18. Singapore National Research Foundation, AI Singapore website，存取於 2022 年 6 月 15 日，https://nrf.gov.sg/programmes/artificial-intelligence-r-d-programme

19. Singapore Monetary Authority, "Veritas Initiative Addresses Implementation Challenges in the Responsible Use of Artificial Intelligence and Data Analytics," press release, January 6, 2021, https://www.mas.gov.sg/news/media-releases/2021/veritas-initiative-addresses-implementation-challenges

20. Alex Woodie, "Inside Cisco's Machine Learning Model Factory," Datanami, January 12, 2015, https://www.datanami.com/2015/01/12/inside-ciscos-machine-learning-model-factory/

21. Max Smolaks, "AI for Data Center Cooling: More Than a Pipe Dream," Data Center Dynamics website, April 12, 2021, https://www.datacenterdynamics.com/en/analysis/ai-for-data-center-cooling-more-than-a-pipe-dream/

22. Bernard Marr, "The Amazing Ways Verizon Uses AI and Machine Learning to Improve Performance," *Forbes*, June 22, 2018, https://www.forbes.com/sites/bernardmarr/2018/06/22/the-amazing-ways-verizon-uses-ai-and-machine-learning-to-improve-performance/?sh=1478c22f7638

23. 範例請見 Thomas H. Davenport, "The Future of Work Now: The Computer-Assisted Translator and Lilt," *Forbes*, June 29, 2020, https://www.forbes.com/sites/tomdavenport/2020/06/29/the-future-of-work-now-the-computer-assisted-translator-and-lilt/?sh=19fb4bc73890

24. 範例請見 Douglas Heaven, "Why Faces Don't Always Tell the Truth about Feelings," *Nature*, February 26, 2020, https://www.nature.com/articles/d41586-020-00507-5

25. Kolawole Samuel Adebayo, "Meta Describes How AI Will Unlock the Metaverse," VentureBeat website, March 2, 2022, https://venturebeat.com/2022/03/02/meta-describes-how-ai-will-unlock-the-metaverse/

26. Sarah Whitten, "Disney Launches Genie, an All-In-One App for Park Visitors to Plan Trips and Skip Long Lines," CNBC website, August 18, 2021, https://www.cnbc.com/2021/08/18/disneys-genie-app-is-an-all-in-one-trip-planner-for-its-theme-parks.html
27. Robert Perkins, "Neural Networks Model Audience Reactions to Movies," California Institute of Technology, July 21, 2017, https://www.caltech.edu/about/news/neural-networks-model-audience-reactions-movies-79098

Chapter 7

1. Thomas H. Davenport, "The Power of Advanced Audit Analytics," Deloitte report, 2016, https://www2.deloitte.com/content/dam/Deloitte/us/Documents/deloitte-analytics/us-da-advanced-audit-analytics.pdf
2. 在眾多資料來源中，請參閱維基百科資料長（Chief Data Officers）條目中的「早期獲得任命的資料長（Early CDO Appointments）」：https://en.wikipedia.org/wiki/Chief_data_officer#Early_CDO_appointments
3. Thomas H. Davenport, "Competing on Analytics," *Harvard Business Review*, January 2006, https://hbr.org/2006/01/competing-on-analytics
4. Derek du Preez, "Capital One Closes All Its Data Centres and Goes All In with AWS," *Diginomica*, January 12, 2021, https://diginomica.com/capital-one-closes-its-data-centres-and-goes-all-aws

5. Angus Loten, "AI Helps Auto Insurers Cost Out Collisions in Seconds," *The Wall Street Journal*, November 2, 2021, https://www.wsj.com/articles/ai-helps-auto-insurers-cost-out-collisions-in-seconds-11635866345

6. 有關此類模型的討論請見 Mattia Prosperi et al., "Causal Inference and Counterfactual Prediction in Machine Learning for Actionable Healthcare," *Nature Machine Intelligence* 2 (2020): 369–375, https://doi.org/10.1038/s42256-020-0197-y

致謝

若非有許多勇敢的經理人員,讓他們所屬的公司成為在業務中應用 AI 的領導者,而且願意與我們討論其成功與掙扎,就不會有這本書。因此,我們想感謝空中巴士的法布里斯・瓦倫丁(Fabrice Valentin)和候麥力・蘭東;安森的拉傑夫・羅南奇、安舒克・沈奴魯(Ashok Chennuru)和尚恩・王(Shawn Wang);布羅德研究所的凱洛琳・烏勒(Caroline Uhler)和安東尼・菲力帕基斯(Anthony Philippakis);CCC 智慧解決方案的吉瑟希・拉瑪墨西、雪凡妮・葛威爾和馬克・佛瑞德曼(Marc Fredman);克利夫蘭診所的克里斯・唐納文;星展銀行的派許・古普塔和薩米爾・古普塔;德勤(作為本書案例)的傑森・格薩達斯、瓊恩・拉菲爾、艾德・包溫、伊爾凡・薩依夫、胡安・特羅、貝絲・穆勒和安東尼・卡拉齊斯(Adoni Kalatzis);禮來的威賓・戈珀爾;克羅格/84.51° 的米倫・馬哈德文及其數名

同僚；宏利的裘迪・瓦利斯（Jodie Wallis）；摩根士丹利的傑夫・麥克米倫；平安的肖京；範圍金融集團的凱斯・波拉斯基；豐業銀行的菲爾・湯瑪斯、葛蕾絲・李和彼得・賽倫尼塔；殼牌的丹・吉逢斯；聯合利華的安迪・西爾和吉爾斯・帕維；以及 Well 的蓋瑞・洛夫曼和奧茲根・艾塔曼（Ozgun Ataman）（根據組織英文字母順序排列）。他們全都大方地撥冗與我們分享想法。

黛博拉・史托拉瑞克（Debbra Stolarik）、金・柯德斯（Kim Cordes）、珍妮佛・歐尼爾（Jennifer O'Neill）、梅莉莎・紐曼（Melissa Neumann）、潔米・帕梅洛尼－拉維斯（Jamie Palmeroni-Lavis）、克莉絲蒂娜・史寇比（Christina Scoby）、傑瑞米・科佛特（Jeremy Covert）和查理・陳（Charley Chen）組成的德勤團隊，在本書寫作的每一個階段提供幫助。特別感謝凱特・施密特（Kate Schmidt）和桑賈娜・賈因（Sanjana Jain）協助我們維持進度，並管理各種期限、關係、問題和許可，讓本書得以成功出版；以及負責管理尼丁行程的珊蒂・威特斯（Sandie Witas）。沒有她們，本書恐怕要拖到 2026 年才能出版。最後，我們要感謝碧娜・阿馬納特（Beena Ammanath），是她提議撰寫本書。

湯瑪斯要感謝妻子裘迪（Jodi），在各方面提供支持、安慰和愛，還有忍受他四十年。同時感謝他養的狗潘丘（Pancho），寫作本書時，牠大多時候都躺在湯瑪斯腳邊。尼丁要感謝傑森・格薩達斯的領導、安德魯・瓦茲（Andrew Vaz）提供的靈感、戴維・庫徹（Dave Couture）提供指引、伊爾凡・薩依夫的夥伴關係、傑克・魯西（Jack Russi）的友誼、愛美・費恩（Amy Feirn）的指導、安巴・喬德瑞（Ambar Chowdhury）的遠見、麥特・大衛（Matt David）的堅持、妮西塔・亨利（Nishita Henry）的開拓精神、柯斯帝・貝利可（Costi Perricos）對 AI 的熱情，以及喬・烏庫佐格魯（Joe Ucuzoglu）對這趟旅程的信任。在個人方面，尼丁想感謝太太芳（Fang）鼓勵他成為作家，將其經驗和觀察記錄下來，為整體社會做出貢獻，也希望這本書能鼓勵兒子艾瑞安（Adrian）未來勇敢追逐夢想。

AI 傳產驅動力

先行者怎樣植入變革基因超前部署？落後者如何全面啟動？
All-in On AI: How Smart Companies Win Big with Artificial Intelligence

作　　者	湯瑪斯‧戴文波特（Thomas H. Davenport）、尼丁‧米塔爾（Nitin Mittal）
譯　　者	李偉誠
封面設計	丸同連合
內頁排版	菩薩蠻事業股份有限公司
業務發行	王綬晨、邱紹溢、劉文雅
行銷企劃	黃羿潔
資深主編	曾曉玲
總 編 輯	蘇拾平
發 行 人	蘇拾平
出　　版	啟動文化
	Email：onbooks@andbooks.com.tw
發　　行	大雁出版基地
	新北市新店區北新路三段207-3號5樓
	電話：(02)8913-1005　傳真：(02)8913-1056
	Email：andbooks@andbooks.com.tw
	劃撥帳號：19983379
	戶名：大雁文化事業股份有限公司
初版一刷	2025年03月
定　　價	580元
I S B N	978-986-493-205-4
E I S B N	978-986-493-204-7 (EPUB)

版權所有‧翻印必究　ALL RIGHTS RESERVED
如有缺頁、破損或裝訂錯誤，請寄回本社更換
歡迎光臨大雁出版基地官網www.andbooks.com.tw

ALL-IN ON AI: How Smart Companies Win Big with Artificial Intelligence
by Thomas H. Davenport and Nitin Mittal
Original work copyright © **2023 Deloitte Development LLC**
Published by arrangement with Harvard Business Review Press through Bardon-Chinese Media Agency
Unauthorized duplication or distribution of this work constitutes copyright infringement.
Complex Chinese translation copyright © 2025
by On Books, a division of And Publishing Ltd
All rights reserved.

國家圖書館出版品預行編目(CIP)資料

AI傳產驅動力：先行者怎樣植入變革基因超前部署?落後者如何全面啟動? / 湯瑪斯・戴文波特(Thomas H. Davenport), 尼丁・米塔爾(Nitin Mittal)著 ; 李偉誠譯. -- 初版. -- 新北市 : 啟動文化出版 : 大雁出版基地發行, 2025.03
　　面；　公分
譯自：All-in on AI : how smart companies win big with artificial intelligence.
ISBN 978-986-493-205-4(平裝)

1.企業經營 2.企業管理 3.人工智慧

494.1　　　　　　　　　　　　　　　　　　　　　　　114000558